Maintenance par les opérateurs

Diagnostic et maintenance des systèmes automatisés

Maintenance pour les Opérateurs de Production

Connaissances élémentaires pour poser un diagnostic

Independently Published

Copyright Editions ©Renzhong 2024

ISBN : 9798334575080

Maintenance par les Opérateurs

I. **Préface**

Bienvenue dans ce guide d'apprentissage de la maintenance destiné aux opérateurs de machines automatisées. L'idée de ce livre est née du besoin de mieux comprendre et de mieux dialoguer avec les techniciens de maintenance. Nous avons conçu ce livre pour vous aider à acquérir les connaissances de base nécessaires pour identifier et décrire les problèmes techniques que vous rencontrez sur les lignes de production. Grâce à ces compétences, vous serez plus autonome et efficace dans votre travail quotidien. Nous espérons que ce livre vous sera utile et qu'il vous aidera à devenir un opérateur encore plus compétent.

II. Avant-propos

Dans le monde de la production industrielle, les machines automatisées jouent un rôle crucial. Les opérateurs sont souvent les premiers à détecter les dysfonctionnements. Cependant, il est parfois difficile de communiquer précisément les problèmes observés. Ce livre a pour objectif de combler cette lacune. Il vous donnera les outils nécessaires pour comprendre les systèmes automatisés et les termes techniques de base. Vous apprendrez aussi à poser un diagnostic préliminaire, ce qui facilitera le travail des techniciens de maintenance. Ensemble, nous pouvons améliorer la productivité et la sécurité de nos environnements de travail.

Maintenance par les Opérateurs

Table des matières

1. Introduction 5
2. Structure des systèmes automatisés de production 6
   - 2.1 Fonctionnalités générales d'un système automatisé 6
   - 2.2 Organisation générale d'un système. 7
   - 2.3 Chaine d'information et d'action. 7
   - 2.4 Décomposition fonctionnelle 9
     - 2.4.1 La chaine d'énergie 9
     - 2.4.2 La chaine d'information 15
3. Chaîne de distribution de l'énergie dans les SAP 19
   - 3.1 Principaux éléments de mise en œuvre 20
   - 3.2 Mise à disposition et adaptation de l'énergie pneumatique 20
     - 3.2.1 Principaux actionneurs en technologie pneumatique 22
     - 3.2.2 Critères de choix d'un vérin. 23
     - 3.2.3 Actions réalisables à l'aide de vérins. 23
     - 3.2.4 Pré-actionneur pneumatique: les distributeurs 24
     - 3.2.5 La commande des distributeurs: 26
   - 3.3 Distribution de l'énergie en technologie électrique 29
     - 3.3.1 Pré-actionneurs électriques: les contacteurs 30
     - 3.3.2 Aspect fonctionnel 30
     - 3.3.3 Symbole: 31
     - 3.3.4 Exemple de circuit de puissance 31
     - 3.3.5 Schémas associés à la réalisation d'un automatisme 32
4. Electricité 34
   - 4.1 Notions de base 34
     - 4.1.1 Courant électrique – Théorie électronique 34
     - 4.1.2 Différence de potentiel ou tension 37
     - 4.1.3 Intensité 40
     - 4.1.4 Résistance (résistance électrique d'un conducteur) 44
     - 4.1.5 Relation entre résistance, intensité et tension – Loi d'Ohm 47
     - 4.1.6 Puissance 49
     - 4.1.7 Grandeurs et unités 50
     - 4.1.8 Coefficient : kilo, milli, ... 50
5. LA PNEUMATIQUE 52
   - 5.1 Généralités 52
     - 5.1.1 La composition de l'air 52
     - 5.1.2 Unité de pression 53
     - 5.1.3 Unité de puissance. 53
   - 5.2 Production de l'air comprimé. 53
   - 5.3 Traitement de l'énergie : Traitement de l'air comprimé 53
     - 5.3.1 Niveau de filtration de l'air comprimé 55
     - 5.3.2 Les modules de conditionnement 56
     - 5.3.3 Les différents composants. 56
     - 5.3.4 Principe de fonctionnement. 58

Maintenance par les Opérateurs

- 5.4 Les principaux organes de puissances..59
- 5.5 Les vérins..59
  - 5.5.1 Domaine d'utilisation...59
  - 5.5.2 Mesure des pressions..60
  - 5.5.3 Diagnostic sur vérin...60
  - 5.5.4 Maintenance préventive..61
- 5.6 Autres actionneurs...62
- 5.7 Les distributeurs..62
  - 5.7.1 Exploitation..62
  - 5.7.2 Principaux distributeurs et principaux dispositifs de pilotages..64
  - 5.7.3 Désignation des distributeurs..64
  - 5.7.4 Diagnostic sur distributeur...66
  - 5.7.5 Extension au contacteur...68
- 5.8 Le réducteur de débit..68
  - 5.8.1 Maintenance des composants pneumatiques..69
- 5.9 Tubes et Raccords ,pneumatiques..70

6. Les Capteurs...72
   - 6.1 En Pneumatique...72
     - 6.1.1 Présentation...72
     - 6.1.2 ANALYSE FONCTIONNELLE...72
     - 6.1.3 DESCRIPTION DU CAPTEUR PNEUMATIQUE...73
     - 6.1.4 Symboles :...73
     - 6.1.5 Fonctionnement..73
   - 6.2 En Electricité...74
     - 6.2.1 LES CAPTEURS Tout Ou Rien (T.O.R)...74
     - 6.2.2 Critères de choix d'un capteur..79

7. Préparation du dépannage..80
   - 7.1 Défaillance de la Chaine 'Action'...82
     - 7.1.1 La chaîne d'action...82
     - 7.1.2 Procédure de tests de la chaîne d'action...82
   - 7.2 Défaillance de la chaîne 'acquisition'..85
     - 7.2.1 La chaîne d'acquisition...85
     - 7.2.2 Procédure de test de la chaîne d'acquisition..85
   - 7.3 Défaillance de la chaîne 'sécurité'..88
     - 7.3.1 La chaîne sécurité...88
   - 7.4 Défaillance de la chaîne 'Dialogue'...90
   - 7.5 L'analyse électrique..91
     - 7.5.1 Introduction...91
     - 7.5.2 Les mesures - La tension...91
     - 7.5.3 Les mesures - Le courant..92

8. Conclusion...94

9. Déjà Parus...95

Maintenance par les Opérateurs

Introduction

Les systèmes automatisés de production sont au cœur de l'industrie moderne. En tant qu'opérateur de machines complexes, vous êtes en première ligne pour assurer leur bon fonctionnement. Ce livre est conçu pour vous fournir les connaissances essentielles sur la structure des systèmes automatisés, la distribution de l'énergie, les notions de base en électricité et en pneumatique, ainsi que sur les capteurs et les techniques de dépannage. Chaque chapitre est pensé pour être accessible, avec des explications claires et des exemples concrets. L'objectif est de vous permettre de comprendre et de communiquer efficacement les problèmes techniques, et de poser un premier diagnostic en cas de panne.

Maintenance par les Opérateurs

2. Structure des systèmes automatisés de production

2.1 Fonctionnalités générales d'un système automatisé

Un système technique est un ensemble d'éléments fonctionnels en interaction organises en fonction d'une finalité ou d'un but.

Un système répond à un besoin éprouvé par l'utilisateur (l'homme).

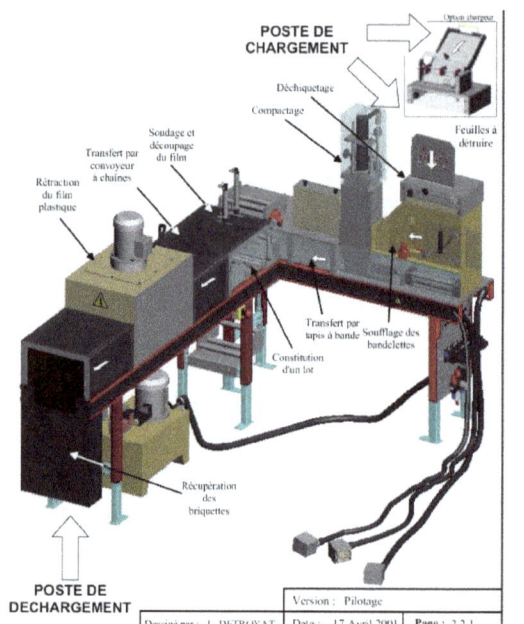

Objectifs de l'automatisation

- ✓ **Visant le personnel** : améliorer ses conditions de travail en supprimant les taches plus pénibles et en augmentant la sécurité;
- ✓ **Visant le produit** : améliorer sa faisabilité, sa qualité par rapport au cahier des charges, sa fiabilité dans le temps;
- ✓ **Visant l'entreprise** : améliorer sa compétitivité(en diminuant les couts de production), sa productivité, la qualité de production, la capacité de contrôle, de gestion, planification.

Schéma d'organisation d'un Système automatise

Un système automatise peut, pour faciliter l'analyse, se représenter sous la forme d'un schéma identifiant trois Parties (p.o ; p.c ; p.p) du système et exprimant leurs interrelations.
(Informations, ordres, Compte-rendu, consignes).

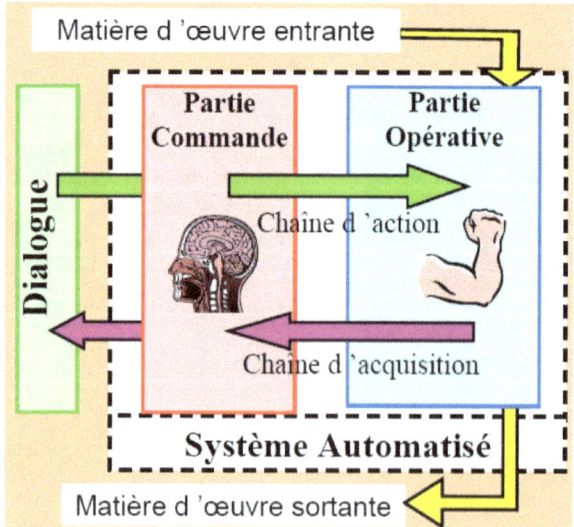

Maintenance par les Opérateurs

2.2 Organisation générale d'un système.

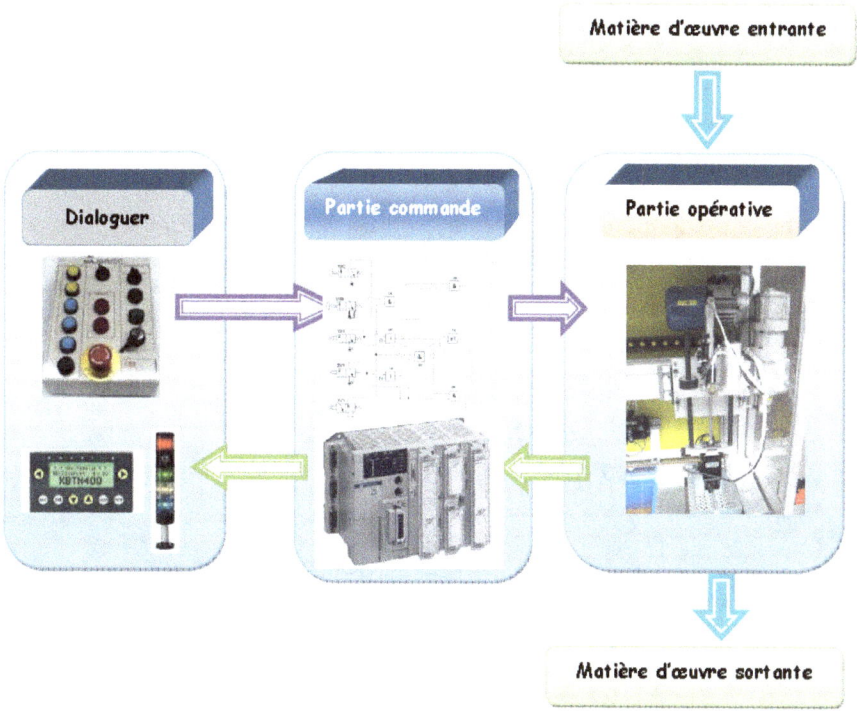

2.3 Chaine d'information et d'action.

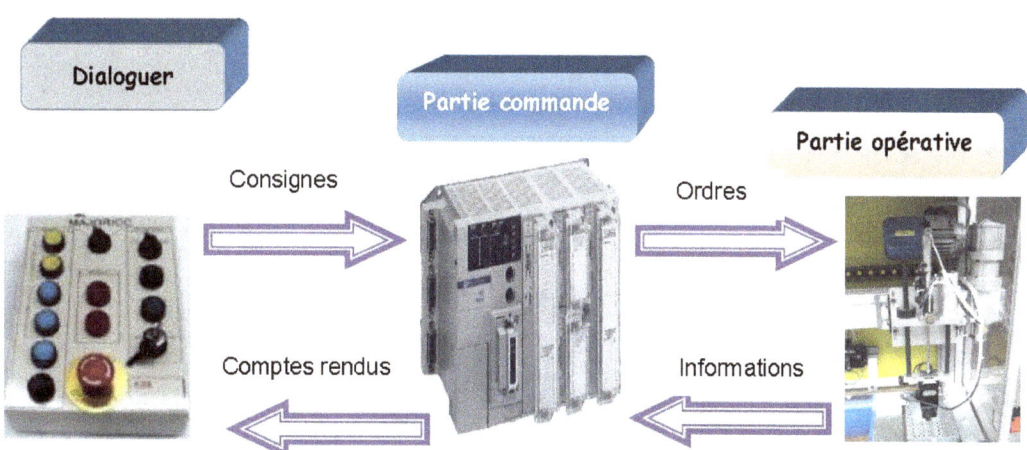

Maintenance par les Opérateurs

La partie « dialogue » ou « relation » :
Le pupitre permet à l'opérateur de dialoguer et de commander la partie commande. Il envoie des consignes à la partie commande et reçoit un compte rendu de l'automate.

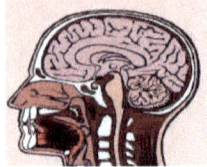

La partie commande :

La partie commande donnent des ordres à la partie opérative en fonction des consignes de l'opérateur et des informations de la partie opérative. En logique programmée, la gestion de la commande est réalisée par un automate qui à été programmé préalablement.

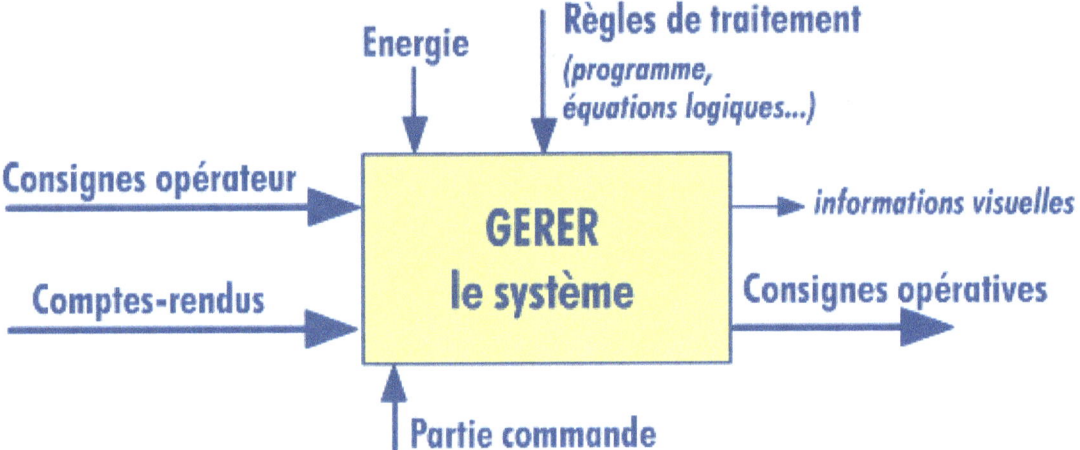

La partie puissance :

Elle assure la réalisation des opérations. Elle transforme la matière d'œuvre.

2.4 Décomposition fonctionnelle

Aux chaînes d'information et d'énergie, on peut en général associer les fonctions suivantes :

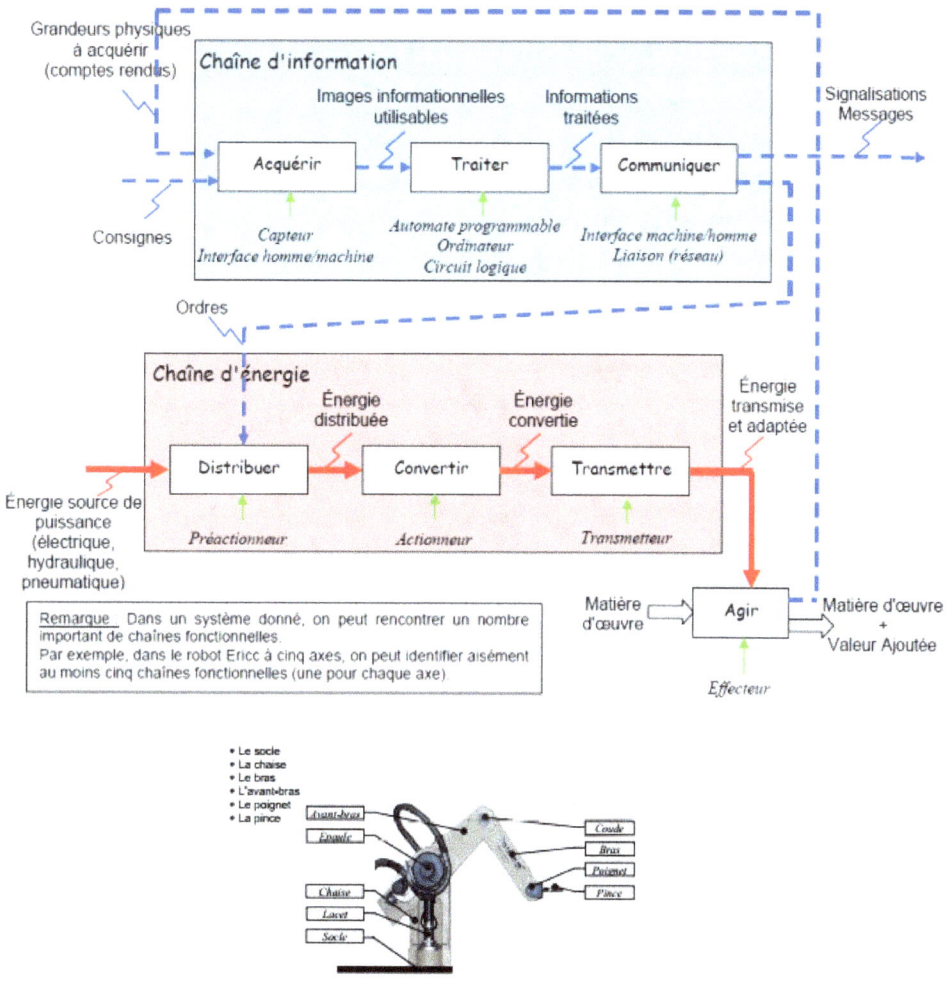

2.4.1 La chaine d'énergie

La chaîne d'énergie, associée à sa commande, assure la réalisation d'une fonction dont les caractéristiques sont spécifiées dans le cahier des charges fonctionnel.

Repérable sur la plupart des produits et systèmes de notre environnement et des milieux industriels, elle est constituée des fonctions génériques : Alimenter, Distribuer, Convertir, Transmettre qui contribuent à la réalisation d'une action (Agir) sur la matière d'œuvre.

Maintenance par les Opérateurs

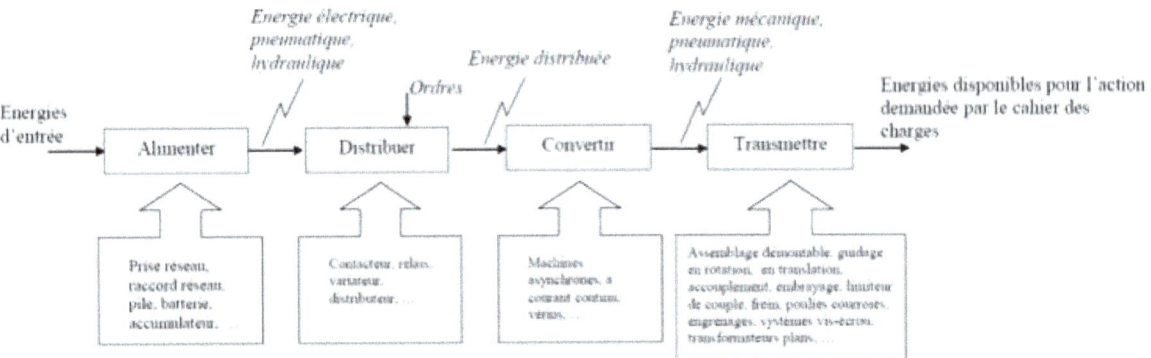

2.4.1.1 Les constituants

2.4.1.1.1 Alimenter

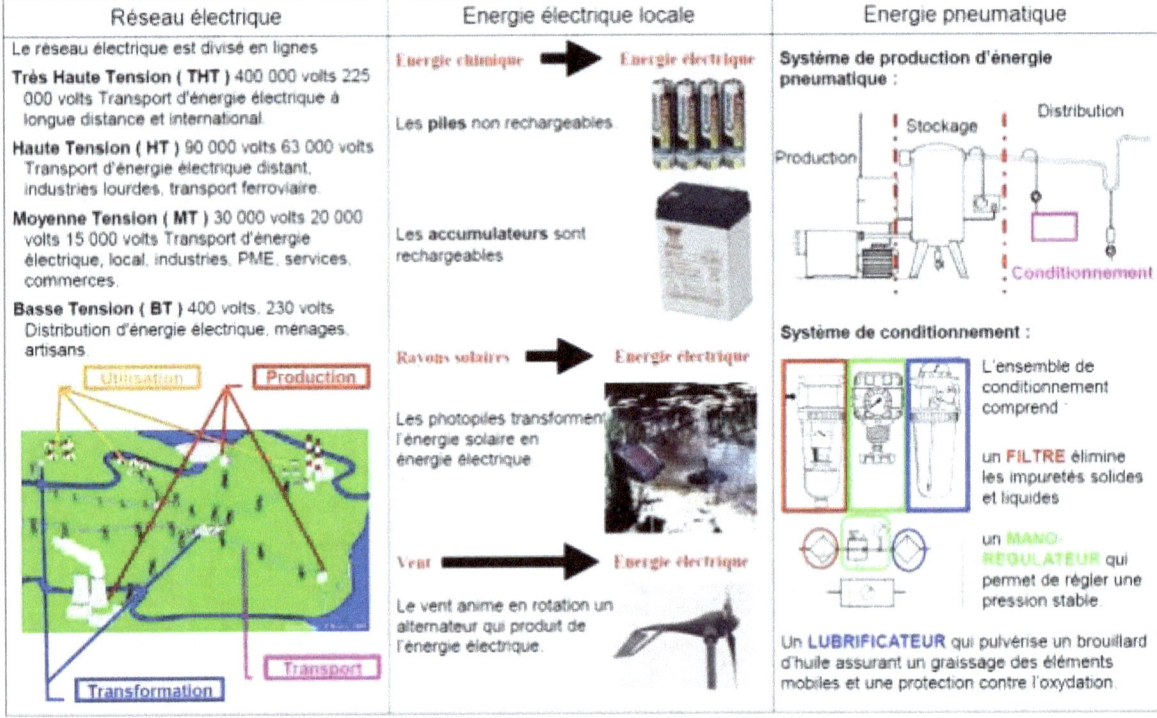

Maintenance par les Opérateurs

2.4.1.1.2 Distribuer

En général, l'énergie issue de la chaîne d'information n'est pas suffisante pour être utilisable directement par les actionneurs.

Le rôle du pré actionneur est alors de distribuer ou non une énergie importante en attente, sous l'action d'une énergie de commande plus faible.

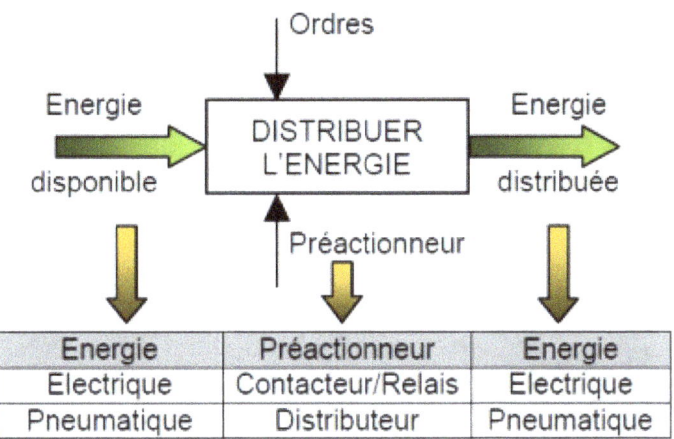

Élément qui laisse passer l'énergie de puissance à l'actionneur sur ordre de la chaîne d'information.

(Le pré actionneur réalise l'interface de dialogue PC→PO)

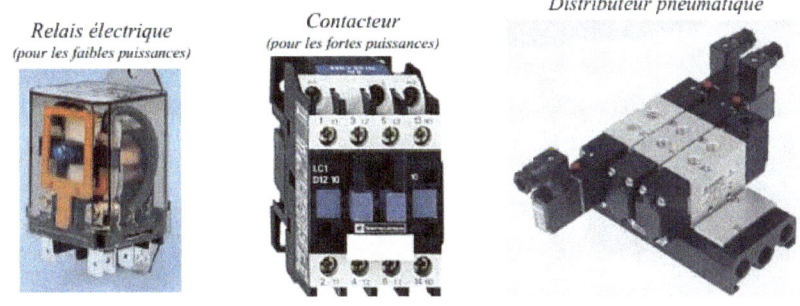

2.4.1.1.3 Convertir

Les actionneurs permettent l'exécution de tâches opératives. La fonction des actionneurs, est de convertir une énergie de puissance provenant du pré actionneur en une énergie adaptée à l'exécution de la tâche à effectuer.

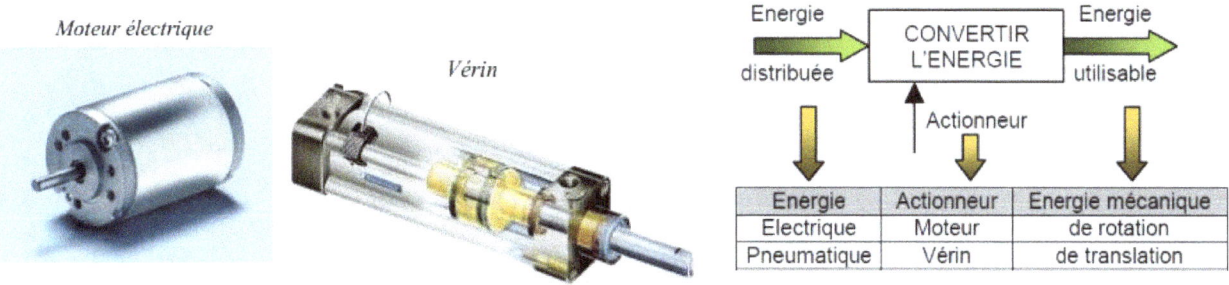

2.4.1.1.4 Transmettre

A la sortie de l'actionneur, de l'énergie mécanique est disponible (énergie mécanique de translation ou énergie mécanique de rotation). Cependant, pour un grand nombre de systèmes, cette énergie mécanique n'est pas directement utilisable par l'effecteur.

Ce dernier est donc l'élément terminal de la chaîne d'énergie, sa fonction technique peut se décomposer en plusieurs actions :

- Transmettre l'énergie
- Transformer l'énergie
- Adapter l'énergie

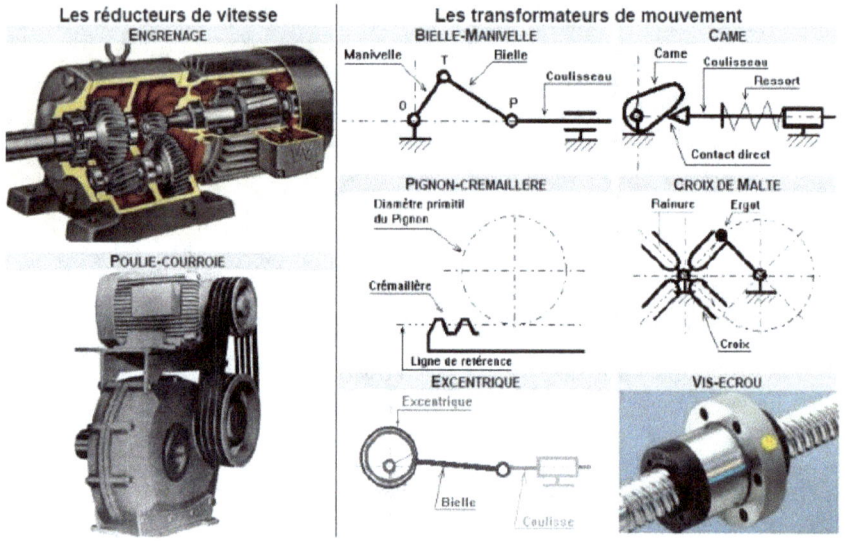

2.4.1.1.5 Agir

Ce sont les éléments terminaux de la chaîne d'action.

Ils agissent directement sur la matière d'œuvre en vue de lui apporter une valeur ajoutée.

Ils convertissent l'énergie reçue de l'adaptateur en une opération ou un effet sur la matière d'œuvre.

Maintenance par les Opérateurs

Effecteurs pour une VA de type 'déplacement de matières d'œuvres (pinces, tapis roulants,…)'

Saisir-Soulever : Ventouse.

Principe : Lorsque la pression d'air P alimente le générateur de vide, le jet d'air turbulent entraîne l'air ambiant (effet Venturi) et le vide ainsi créé permet la saisie de la pièce par la ventouse.

Actionneur associé : générateur de vide

Utilisation : Saisie de pièces présentant une surface plane, lisse et non poreuse. Augmenter le diamètre et/ou le nombre de ventouses selon la charge.

Saisir-Soulever : Doigt de pince.

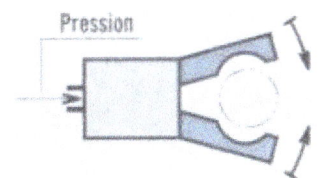

Principe : Les doigts, sous l'action d'un mécanisme, pivotent et serrent la pièce.

Actionneur associé : vérin pneumatique

Utilisation : Pièces rigides cylindriques ou prismatiques (doigts rotatifs ou à déplacement parallèle).

Saisir-Soulever : Electro-aimant.

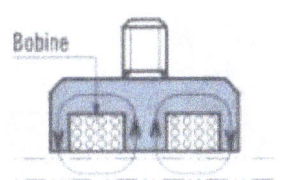

Principe : La pièce se colle sur la culasse sous l'action du champ électromagnétique.

L'électro-aimant (effecteur) est aussi un actionneur.

Utilisation :
- Pièces en acier ayant une surface plane
- Environnement poussiéreux interdisant la projection d'air (ciments…).

Poser-Entraîner : Tapis roulant ou bande transporteuse.

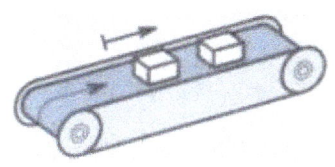

Principe : Une (ou deux) bande(s) souple(s) entraîne(nt) les pièces par adhérence.

Actionneur associé : moteur électrique

Utilisation : Entraînement rapide et continu de pièces ayant une surface plane.

Poser-Entraîner : Chariot à empreintes.

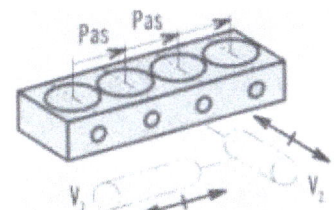

Principe : Les pièces sont dans des empreintes du chariot, entraînées par le déplacement de ce dernier.

Actionneur associé : deux vérins pneumatiques V1 et V2.

Utilisation : Déplacement précis de pièces de poste en poste de travail (avance pas à pas).

Pousser : Plaque pousseuse.

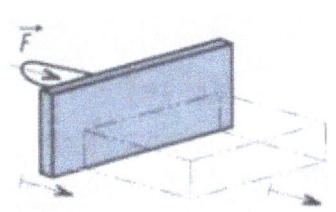

Principe : Une plaque rigide mobile pousse la M.O. selon une direction, dans un seul sens.

Actionneur associé : vérin pneumatique ou moteur électrique

Utilisation : Déplacement en translation, dans un seul sens de pièces prismatiques ou cylindriques.

Maintenance par les Opérateurs

Effecteurs pour une VA de type ' transformation de matières d'œuvres (outils, résistances,...)'

Brasser-Mélanger : *Tambour.*	Couper (Modifier la forme) : *Outil pour tournage.*	Couper (Modifier la forme) : *Outil pour fraisage.*
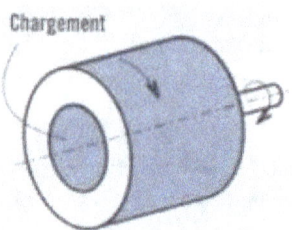	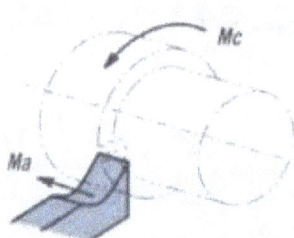	
Principe : Un tambour est mis en rotation, il entraîne la M.O. qui s'y trouve. **Actionneur associé** : moteur électrique. **Utilisation** : <ul><li>Brassage du linge.</li><li>Mélange du sable et du ciment.</li><li>Enlèvement des **bavures** des pièces par frottement.</li></ul>	**Principe** : La pièce est mise en rotation *(Mc)*. L'outil coupant avance *(Ma)*. Il y a enlèvement de matière. **Actionneur associé** : moteur électrique. **Utilisation** : Usinage de surfaces de révolution (cylindres, cônes, filetages...) par tournage. Il existe plusieurs formes d'outils.	**Principe** : L'outil coupant (fraise) est mis en rotation *(Mc)*. La pièce avance *(Ma)*, chaque dent enlève de la matière. **Actionneur associé** : moteur électrique. **Utilisation** : Usinage de surfaces planes (pièces prismatiques) par fraisage (en roulant ou en bout).
Déformer (Modifier la forme) : *Bouterolle de rivetage.*	Chauffer (Modifier les caractéristiques) : *Résistance.*	Orienter (Modifier la position) : *Bol vibrant.*
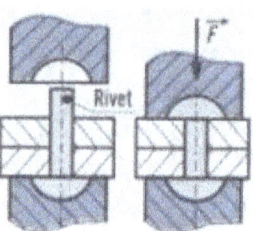	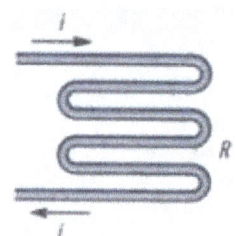	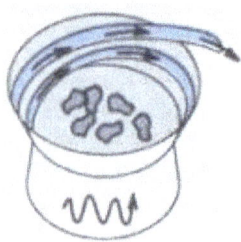
Principe : L'effort F exercé sur la bouterolle déforme la matière et forme la 2ème tête du rivet (volume constant). **Actionneur associé** : vérin pneumatique. **Utilisation** : Assemblage de deux pièces par rivetage ou sertissage (liaison fixe non démontable).	**Principe** : Le matériau à forte résistivité est parcouru par un courant. L'effet Joule provoque un échauffement. **La résistance (effecteur) est aussi un actionneur.** **Utilisation** : Chauffage d'un fluide. *Exemples* : • eau d'une machine à laver, • air d'une pièce d'habitation.	**Principe** : Sous l'action de vibrations, les pièces montent sur une rainure hélicoïdale dans la bonne position. **Actionneur associé** : moteur électrique. **Utilisation** : Orientation de pièces à partir du vrac. Les pièces mal orientées retombent dans le bac.

Effecteurs pour une Va de type 'stockage de matières d'œuvres (palette, goulotte,...)'

Poser-Positionner : *Palette.*	Contenir : *Bac.*	Contenir : *Magasin ou goulotte.*
	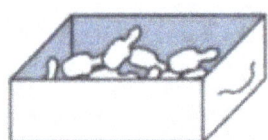	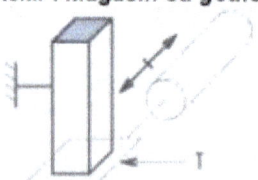
Principe : Une plaque rigide sert de support aux différentes pièces en attente de manutention. **Utilisation** : <ul><li>Stockage de pièces ayant des surfaces planes.</li><li>Positionnement précis de pièces.</li></ul>	**Principe** : Un parallélépipède creux sert de contenant en vrac. Possibilité de manutention. **Utilisation** : Stockage de pièces aux formes quelconques.	**Principe** : Un parallélépipède creux de grande hauteur sert de contenant orienté. Nécessité d'une trappe T d'ouverture. **Utilisation** : Stockage de pièces de forme parallélépipédiques ou cylindriques.

Maintenance par les Opérateurs

2.4.2 La chaine d'information

La chaîne d'information permet :

• d'acquérir des informations :

   - sur l'état d'un produit ou de l'un de ses éléments (en particulier de la chaîne d'énergie),

   - issues d'interfaces homme/machine ou élaborées par d'autres chaînes d'information,

   - sur un processus géré par d'autres systèmes (consultation de bases de données, partage de ressources),

• de traiter ces informations ;

• de communiquer les informations générées par le système de traitement pour réaliser l'assignation des ordres destinés à la chaîne d'énergie ou (et) pour élaborer des messages destinés aux interfaces homme/machine (ou à d'autres chaînes d'information).

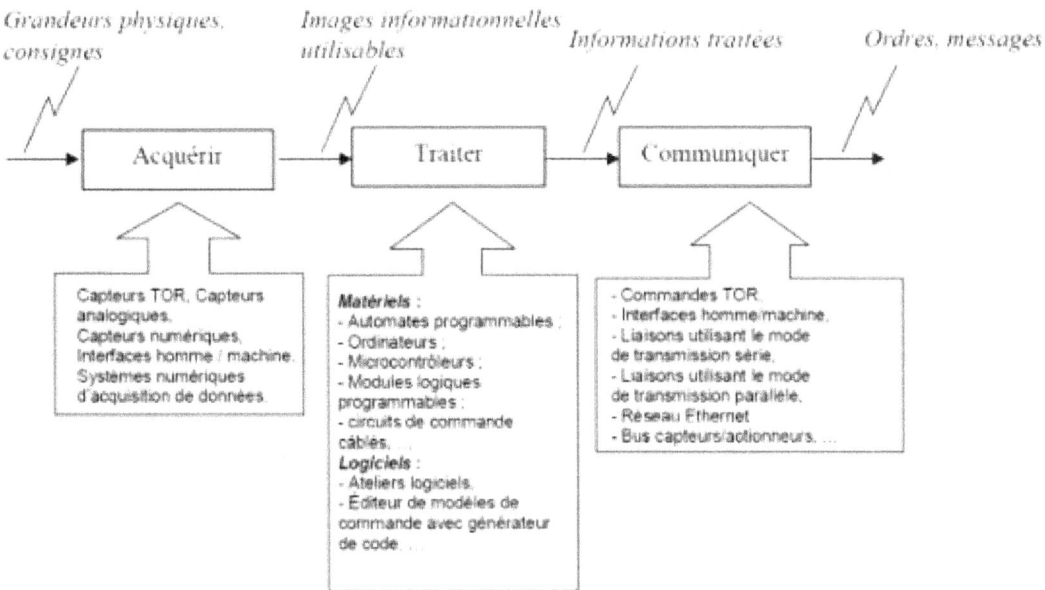

2.4.2.1 Acquérir

Les capteurs prélèvent une information sur le comportement de la partie opérative ou du milieu extérieur et la transforme en une information exploitable par la partie commande (comptes rendus).

Pour pouvoir être traitée, cette information sera portée par un support physique (énergie) ; on parlera alors de signal. Les signaux sont généralement de nature électrique ou pneumatique.

2.4.2.1.1 Les capteurs TOR (Tout Ou Rien) ou capteurs logiques (2 valeurs)

Ils génèrent un signal de type binaire (donc deux états). Peu coûteux, ce sont généralement des capteurs de position. Par exemple, ils indiquent si une pièce est présente ou non, si un vérin est sorti…. Ils ne permettent pas, en revanche, de mesurer sur toute une plage.

Les détecteurs inductifs sont sensibles aux matériaux conducteurs. Lorsqu'on approche une pièce métallique du détecteur, le champ magnétique est modifié. Au delà d'un certain seuil, l'objet a été détecté.

Les détecteurs capacitifs utilisent l'effet d'un condensateur. Pour rappel, un condensateur est simplement deux matériaux conducteurs que l'on met en présence l'un de l'autre mais sans contact. Ce condensateur possède une « capacité » dont la valeur dépend de la géométrie du capteur. Si on vient mettre une pièce entre les deux matériaux, la capacité est modifiée et par la même occasion, le champ électrique. Leur domaine d'application est limité à la détection des liquides car leur coût est élevé.

Les détecteurs photoélectriques comportent une source lumineuse et un récepteur photosensible. Ils permettent de déceler sans contact tous les matériaux opaques.

Les détecteurs magnétiques ou Interrupteurs à Lame Souple (I.L.S.) sont disposés sur les extrémités du corps d'un vérin. Un aimant, placé à l'intérieur du piston, attire l'interrupteur (ou la lame souple magnétique) du capteur lorsque le piston est à proximité du capteur.

2.4.2.1.2 Les capteurs analogiques (infinité de valeurs)

La grandeur de sortie est en relation directe avec la grandeur d'entrée (elle peut prendre une infinité de valeurs variant en continues).

Le principe est de traduire une modification dimensionnelle (due à un effort, à une pression…) en variation de résistance électrique.

Ces capteurs sont donc linéaires sinon le signal est déformé.

Maintenance par les Opérateurs

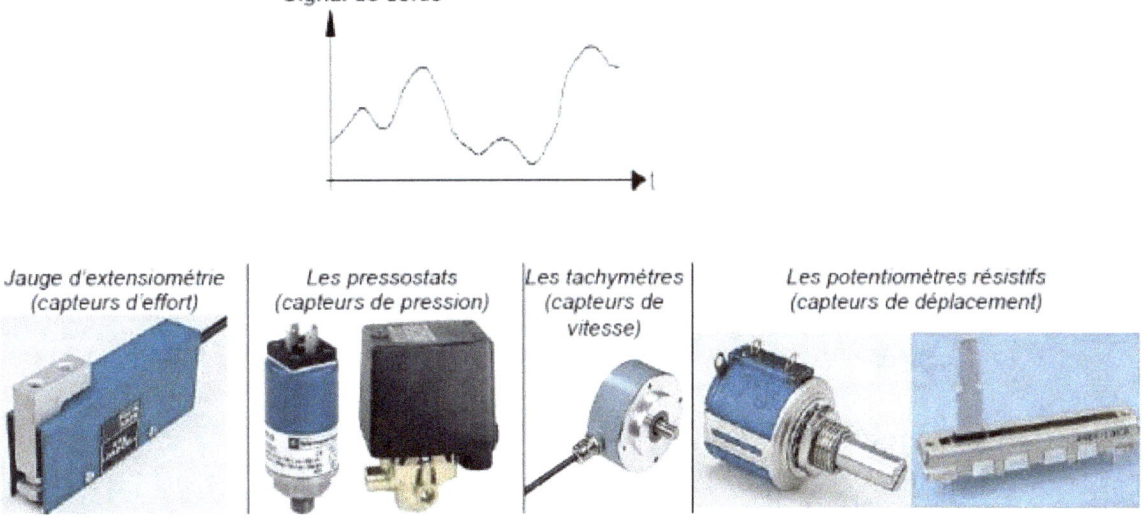

2.4.2.1.3   Les capteurs numériques (nombre limité de valeurs)

Ce type de capteur délivre en sortie une information électrique à caractère numérique, image de la grandeur physique à mesurer, c'est à dire ne pouvant prendre qu'un nombre limité de valeurs distinctes (comme tout signal numérique…).

2.4.2.2   Traiter

L'unité de traitement est le plus souvent dans l'industrie une carte électronique, un automate programmable industriel (API) ou un P.C. industriel. C'est un ensemble électronique qui gère et assure la commande du système automatisé en pilotant les interfaces et cela en fonction des informations recueillies par les capteurs et boutons.

Module logique programmable *Automate Programmable Industriel*

2.4.2.3 Communiquer

2.4.2.3.1 Les interfaces machine/homme

Elles permettent à l'utilisateur d'être informé sur l'état du système.

Exemples : Voyant, alarme sonore, écran...

2.4.2.3.2 Les interfaces homme/machine

Elles permettent à l'utilisateur d'envoyer des consignes au système.

Exemples : Bouton poussoir, bouton coup de poing, potentiomètre, interrupteur de position, clavier...

2.4.2.3.3 Les liaisons (réseaux).

Elles réalisent une communication avec d'autres systèmes.

Pupitre de commande   *Liaison Ethernet*

Bouton d'arrêt d'urgence

Maintenance par les Opérateurs

3. Chaîne de distribution de l'énergie dans les SAP

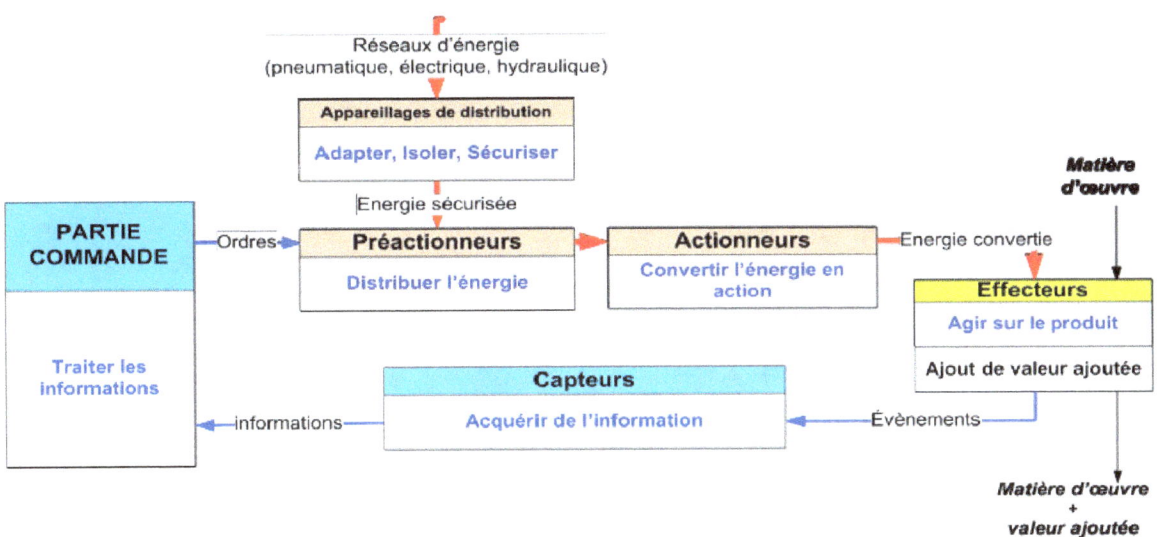

Technologie pneumatique

Avantages :
- Énergie propre de mise en oeuvre aisée
- Sécurité de fonctionnement
- Grande vitesse de déplacement des vérins
- Utilisation conjointe d'outillage pneumatique.
- Ne peux être utilisé en atmosphère explosive.

Technologie électrique

Avantages :

- •Mise à disposition généralisée.
- •Source autonome et secourue.
- •SAP «tout électrique»
- •Silencieux
- •Précaution à prendre en atmosphère humide (IP)

3.1 Principaux éléments de mise en œuvre

	Réseau d'énergie	Appareillage de distribution	Pré-actionneur	Principaux actionneurs
pneumatique	Compresseur	•Cellule FRL •Sectionneur •Démarreur progressif	Distributeur	Vérin
électrique	Réseau EDF ou autonome	Sectionneur Interrupteur Disjoncteur Relais thermique	Contacteur	• Moteur • Résistance chauffante

3.2 Mise à disposition et adaptation de l'énergie pneumatique

Production centralisée d'air comprimé, un réservoir régule le consommation

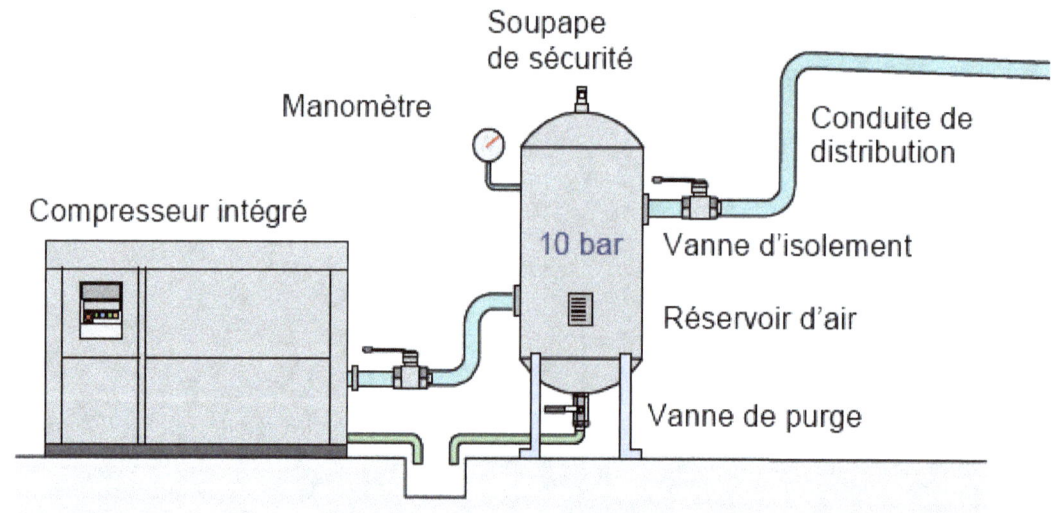

Maintenance par les Opérateurs

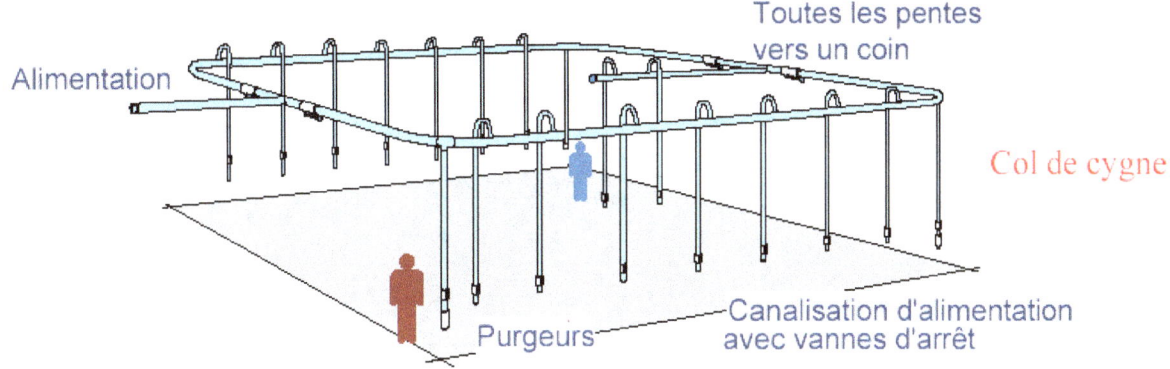

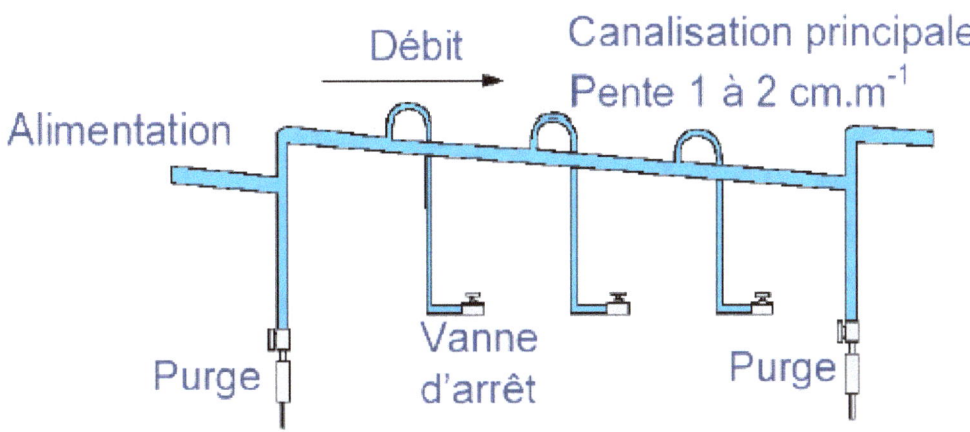

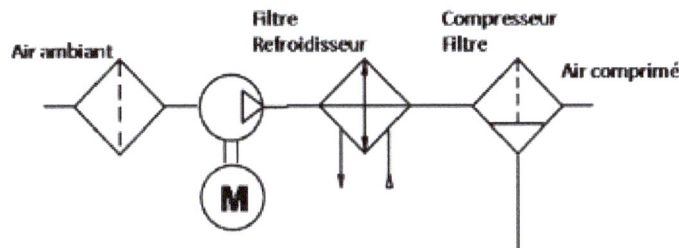

Maintenance par les Opérateurs

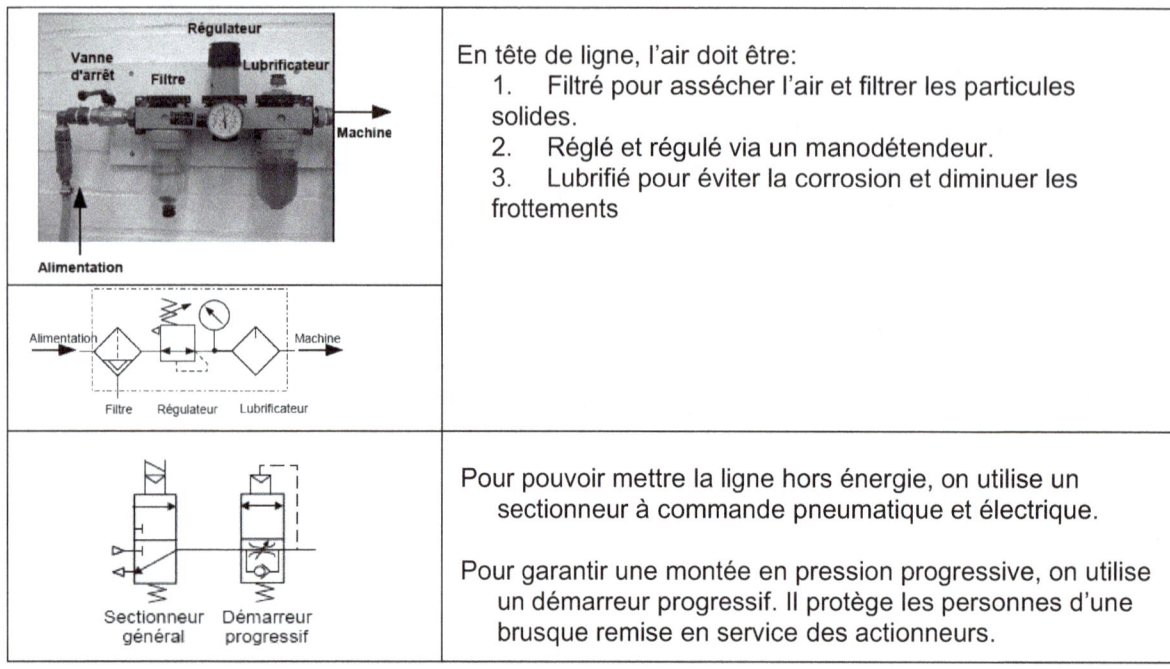

En tête de ligne, l'air doit être:
1. Filtré pour assécher l'air et filtrer les particules solides.
2. Réglé et régulé via un manodétendeur.
3. Lubrifié pour éviter la corrosion et diminuer les frottements

Pour pouvoir mettre la ligne hors énergie, on utilise un sectionneur à commande pneumatique et électrique.

Pour garantir une montée en pression progressive, on utilise un démarreur progressif. Il protège les personnes d'une brusque remise en service des actionneurs.

3.2.1 Principaux actionneurs en technologie pneumatique

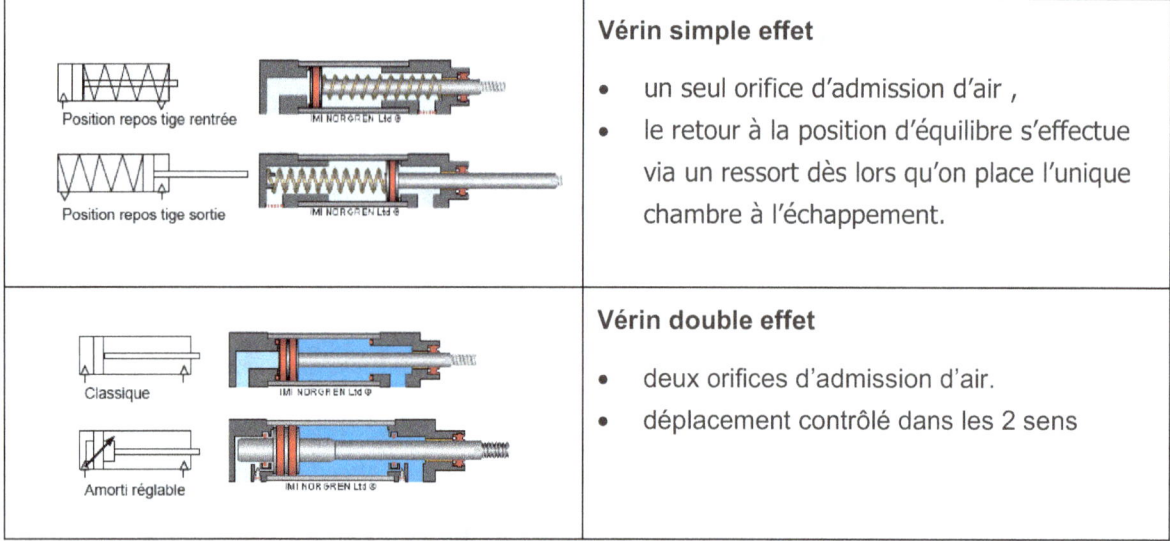

Vérin simple effet

- un seul orifice d'admission d'air,
- le retour à la position d'équilibre s'effectue via un ressort dès lors qu'on place l'unique chambre à l'échappement.

Vérin double effet

- deux orifices d'admission d'air.
- déplacement contrôlé dans les 2 sens

Le vérin double-effet offre certaine possibilité impossible à réaliser avec un vérin simple-effet (amortissement fin de course etc...).

Le vérin simple-effet est plus économique et consomme moins d'air.

3.2.2 Critères de choix d'un vérin.

(Hors nombreuses options)

1. La course.
2. La force développée.

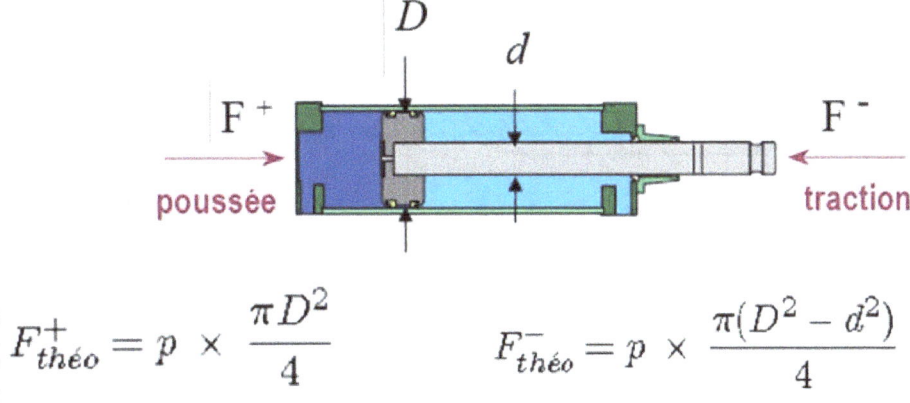

$$F^{+}_{théo} = p \times \frac{\pi D^2}{4} \qquad F^{-}_{théo} = p \times \frac{\pi(D^2 - d^2)}{4}$$

En réalité:

Force statique = ... 95% de $F_{théo}$

Force dynamique < 70 % de $F_{théo}$ ➡ • Frottement et ...
• Contre-pression

Remarque: Attention, en conception mécanique, un vérin n'assure pas le guidage.

3.2.3 Actions réalisables à l'aide de vérins.

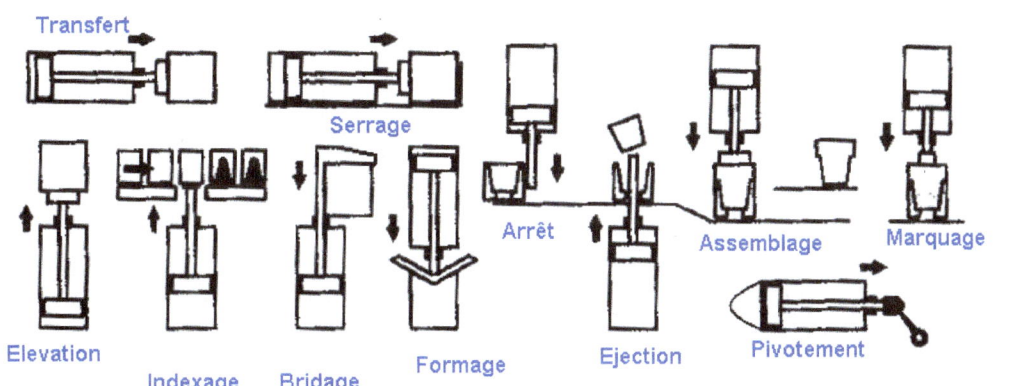

Maintenance par les Opérateurs

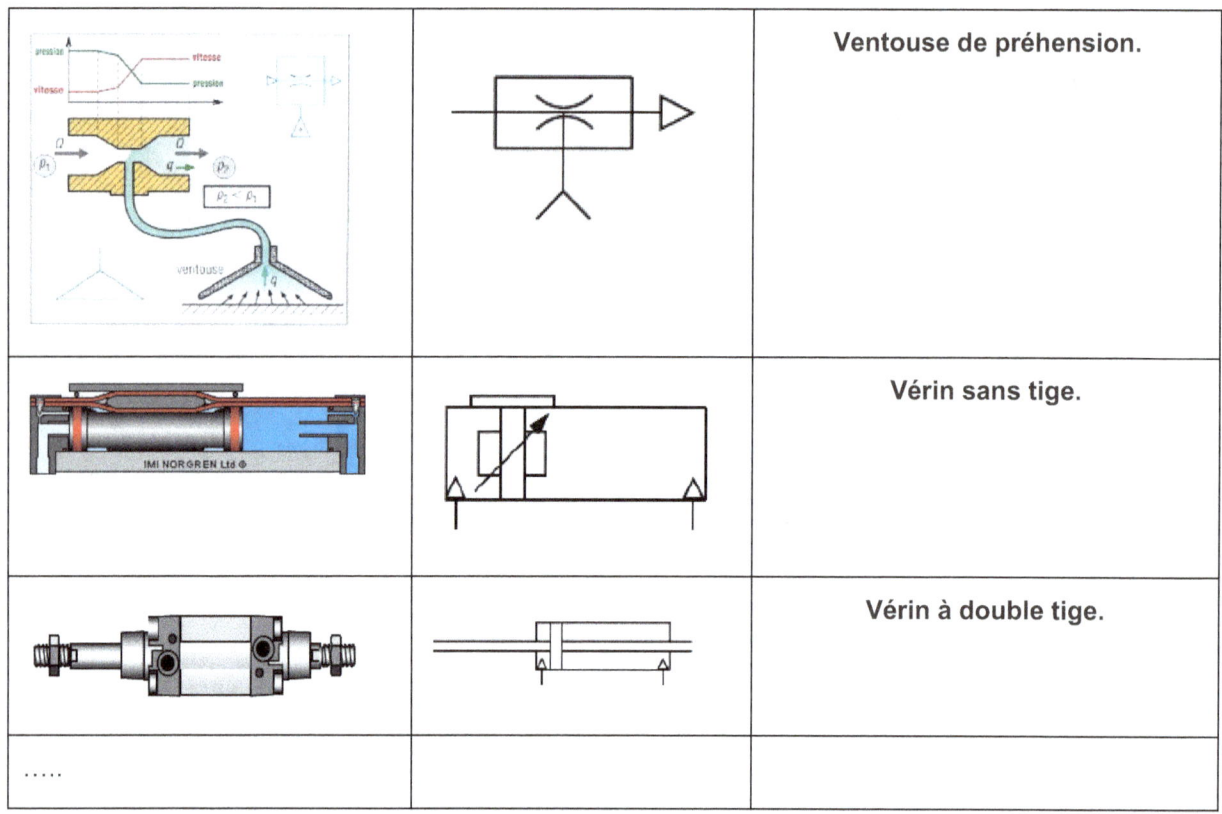

3.2.4 Pré-actionneur pneumatique: les distributeurs

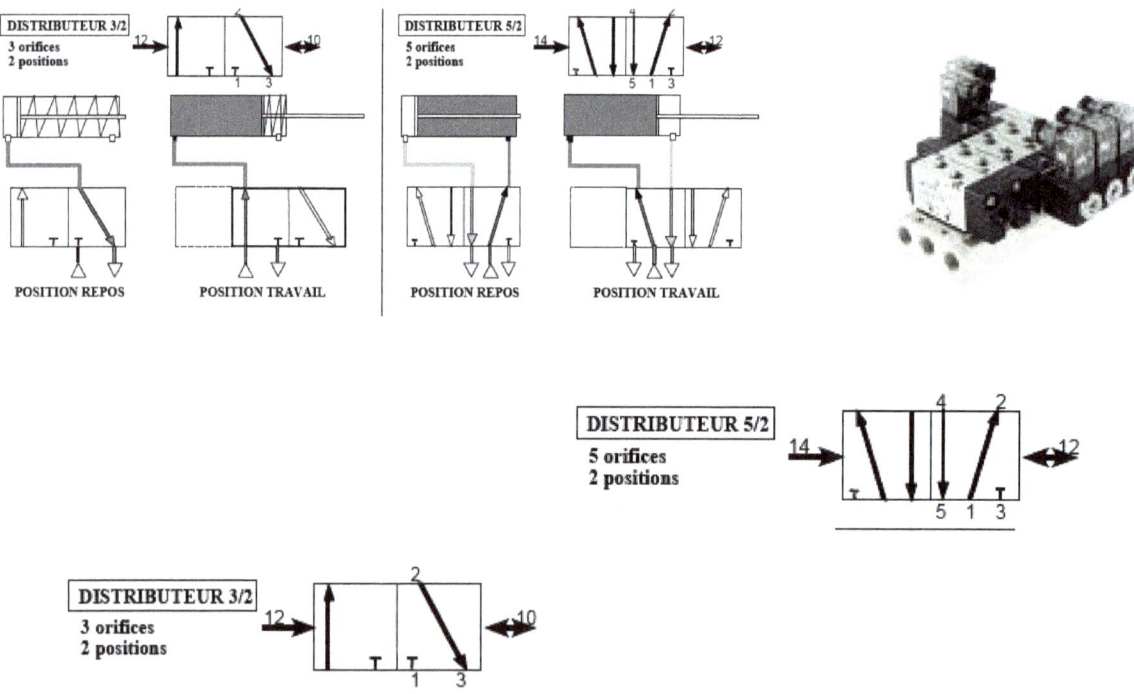

Maintenance par les Opérateurs

Un distributeur est caractérisé par:

- par le nombre des orifices: 2, 3, 4 ou 5;
- par le nombre des modes de distribution ou positions: 2 ou 3;
- par le type de commande du pilotage assurant le changement de position: simple pilotage avec rappel par ressort ou double pilotage.
- par la technologie de pilotage: pneumatique, électrique ou mécanique;

Symboles et conventions:
Une position pour chaque case
Orifice présent sur chaque case
Flèche indiquant le passage del'air comprimé
Une voie — Orifice fermé — Source pression — Échappement
Commentaires : On désigne un distributeur avec **2 chiffres** :   - *1er chiffre* : nombre d'orifices   - *2ème chiffre* : nombre de position du tiroir   *Ex :* distributeur 3/2 : 3 orifices, 2 positions

3.2.5 La commande des distributeurs:

Il existe 2 types de distributeurs :

Distributeur monostable.

Le tiroir est rappelé à sa position initiale par un ressort, dès la disparition du signal de pilotage.

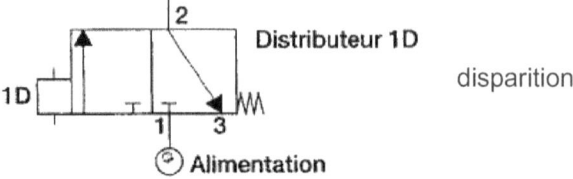

Distributeur bistable.

Le tiroir garde sa position en l'absence de signal de pilotage

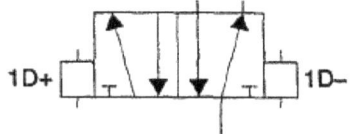

Le signal de commande du tiroir peut-être:

- Manuel.
- Mécanique.
- Pneumatique.
- Électrique.

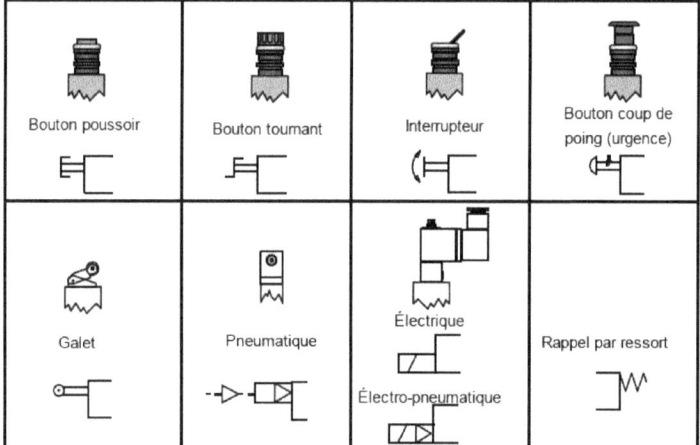

Maintenance par les Opérateurs

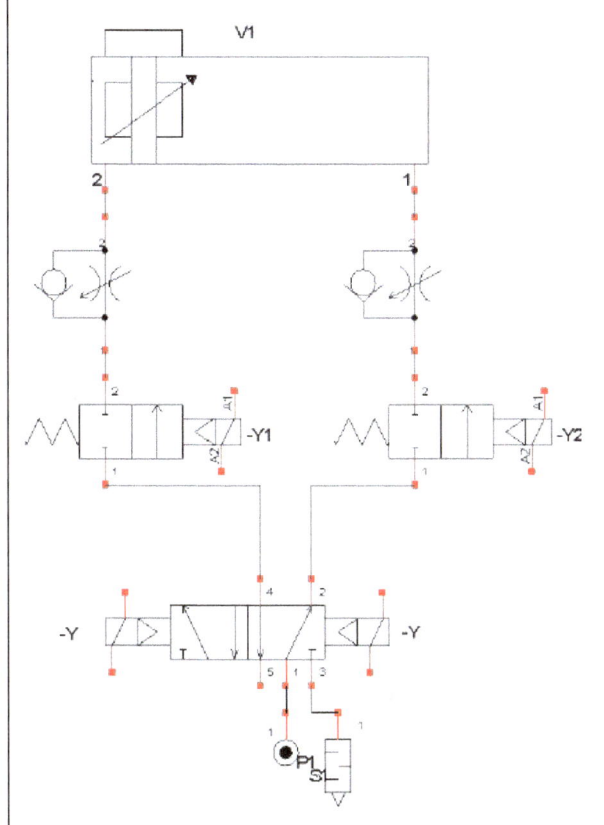

Le réducteur de vitesse. Unidirectionnel, cet élément permet de régler le vitesse de déplacement des vérins, en limitant le débit d'échappement correspondant
Le bloqueur. Il s'agit d'un simple distributeur 2/2 permettant de bloquer le mouvement d'un vérin pendant sa course, ou bien à l'arrêt. Il est nécessaire de le placer au plus près du vérin à bloquer.
Le silencieux. Dispositif limitant les bruits lorsque de l'air comprimé part à l'échappement

Maintenance par les Opérateurs

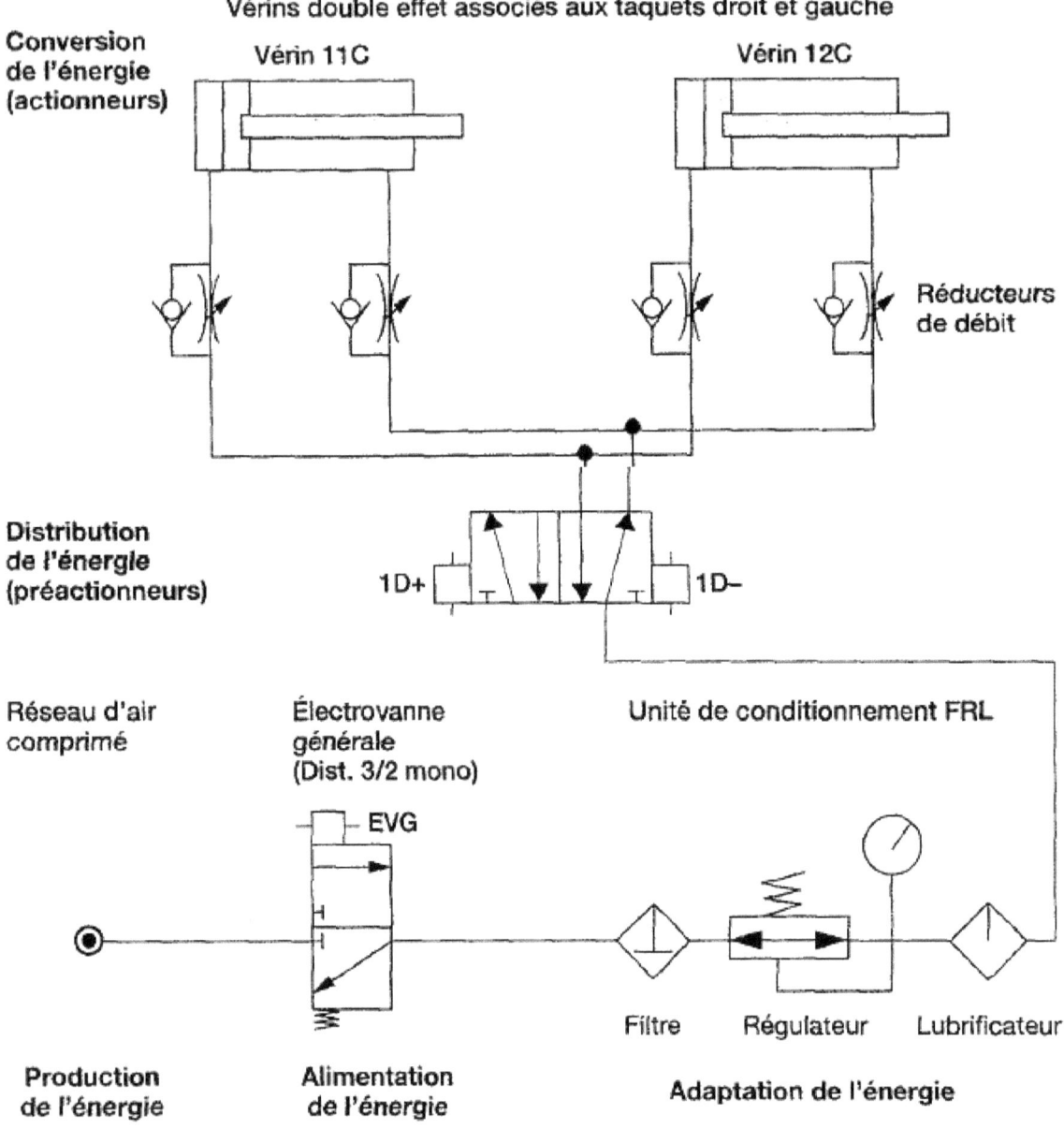

Maintenance par les Opérateurs

3.3 Distribution de l'énergie en technologie électrique

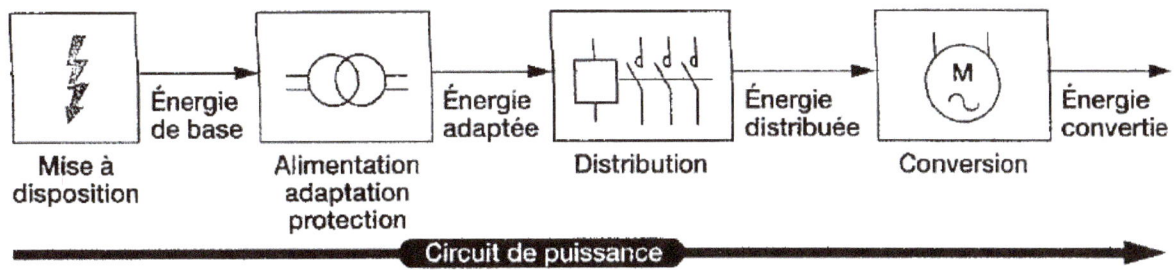

Mise à disposition et adaptation

En amont de toute commande de distribution d'énergie électrique

- ✓ Raccordement au réseau depuis une armoire BT.
- ✓ Dispositif d'isolement/ au réseau (sectionneur).
- ✓ Dispositif de protection surcharge et court-circuit (fusible/disjoncteur).

il est nécessaire de

- ✓ Isoler le circuit du réseau.
- ✓ Interrompre l'alimentation
- ✓ Protéger contre les défauts (surcharges, courts-circuits et courant de fuites).

1. Isoler le circuit du réseau.

On doit pouvoir garantir l'isolement de l'installation du reste du réseau. C'est le rôle du sectionneur, qui n'a pas de pouvoir de coupure du courant nominal, mais qui garantit, mécaniquement, la mise hors tension de l'installation en aval.

Interrupteur-Sectionneur

Interrupteur-Sectionneur

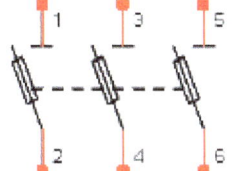

Sectionneur-Porte fusible

Maintenance par les Opérateurs

2. Interrompre l'alimentation

L'interrupteur est un appareillage qui permet de couper l'alimentation lorsque l'installation fonctionne de manière nominale.

-On rencontre souvent des interrupteurs-sectionneurs.

-Le contacteur a la fonction «interrupteur»….

Contacteur

3. Protéger l'installation

Le disjoncteur protège le circuit aval des surcharges et des court-circuit (protection thermique et magnétique).

-Lorsqu'il convient de protéger des courants de fuites, on utilise des disjoncteurs différentiels.

-Le relais thermique est un appareillage contrôle que le courant le traversant a une intensité inférieure à un seuil défini. Dans le cas contraire, le relais actionne des contacts de commande.

Disjoncteur

Relais thermique

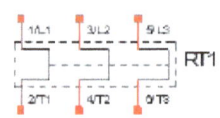
Relais thermique

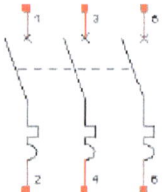
Disjoncteur

3.3.1 Pré-actionneurs électriques: les contacteurs

3.3.2 Aspect fonctionnel

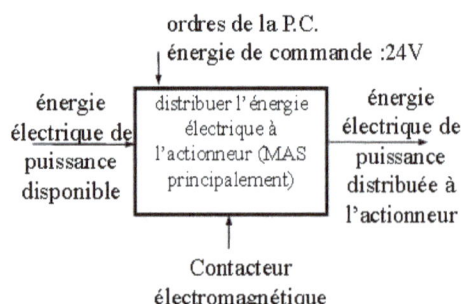

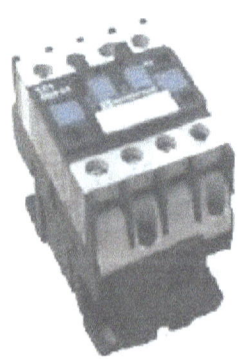

Maintenance par les Opérateurs

3.3.3 Symbole:

Contacteur au repos La bobine n'est pas alimentée Les contacts sont en position repos	
Contacteur au travail La bobine est alimentée Les contacts sont en position travail	

3.3.4 Exemple de circuit de puissance

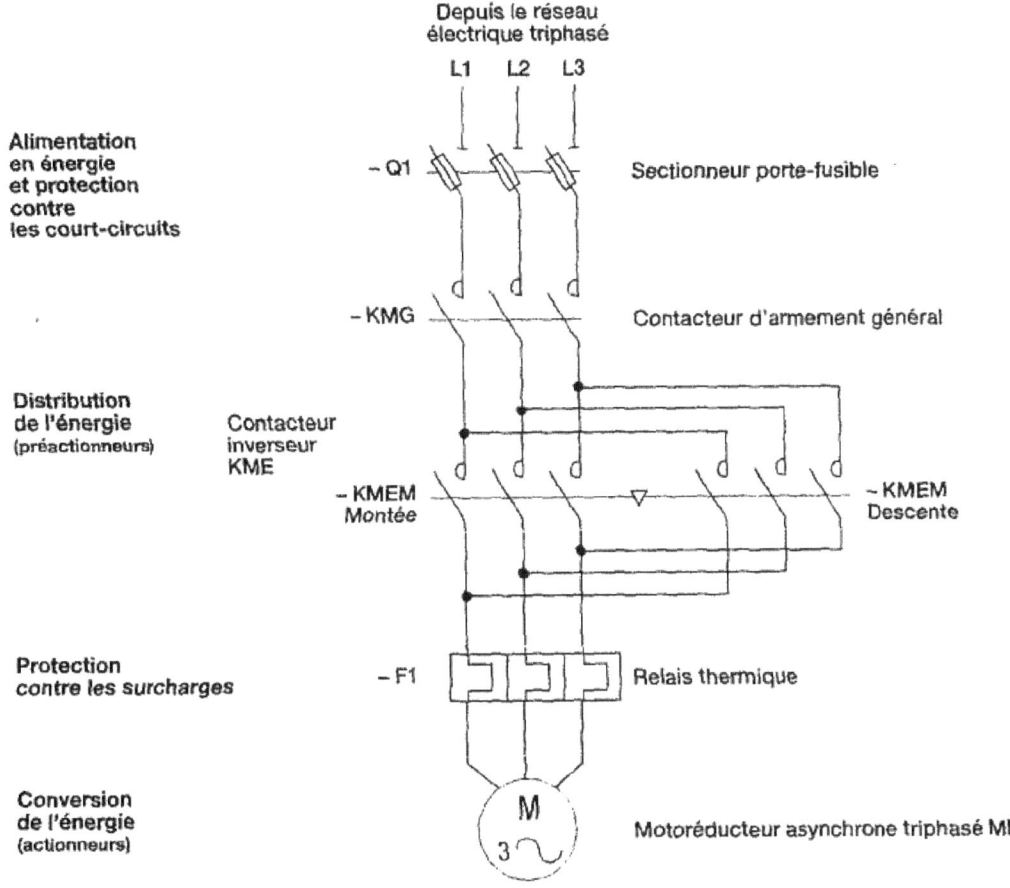

Maintenance par les Opérateurs

3.3.5 Schémas associés à la réalisation d'un automatisme

In fine, la réalisation d'un automatisme repose sur 2 schémas qui s'imbriquent:

•Le schéma de puissance: qui correspond aux câblages des chaînes d'actions de l'automatisme.

•Le schéma de commande: qui correspond au câblage de la partie commande, du raccordement aux E/S d'automates, à la logique câblée.

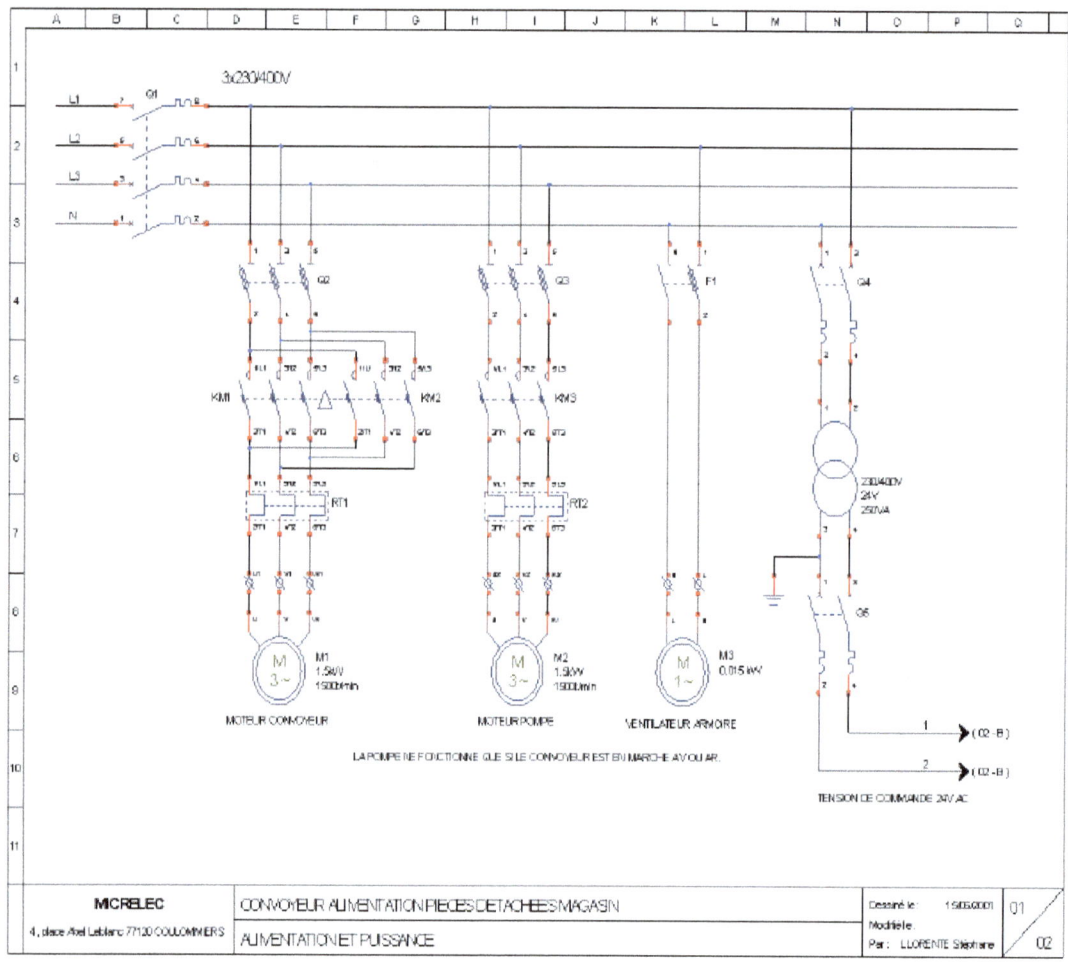

Maintenance par les Opérateurs

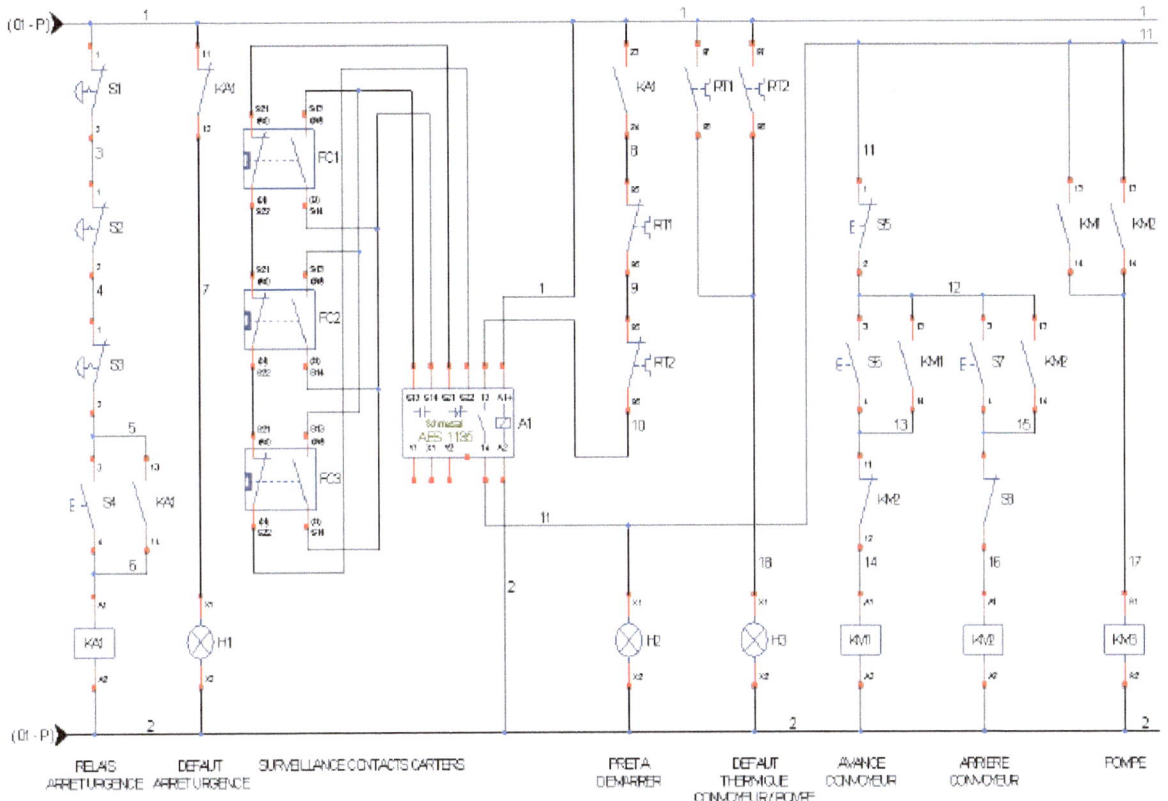

Maintenance par les Opérateurs

4. Electricité

4.1 Notions de base

4.1.1 Courant électrique – Théorie électronique

4.1.1.1 Notion de molécule et d'atome

Si nous partageons une goutte d'eau en 2, puis chaque moitié en 2... et ainsi de suite, nous obtiendrons finalement une goutte d'eau extrêmement petite. Recommençons l'expérience avec la minuscule goutte d'eau jusqu'à ce que nous obtenions la plus petite partie possible. Cette particule s'appelle une molécule.

> *La molécule est la plus petite partie d'un corps qui puisse exister à l'état isolé tout en conservant la composition chimique de ce corps.*

Si nous parvenons à fractionner la molécule, nous obtenons d'autres particules qui ne sont plus de l'eau mais de nouveaux corps (hydrogène et oxygène) appelées atomes.

> *L'atome est, la plus petite partie de matière qui puisse entrer en combinaison chimique.*

Exemples :

- ✓ Une molécule d'eau (H2O) est composée de 2 atomes d'hydrogène H et de 1 atome d'oxygène O.
- ✓ Les figures suivantes représentent dans l'espace et en plan un modèle d'atome de cuivre d'après Bohr 29 électrons gravitent sur des orbites différentes autour du noyau de l'atome de cuivre.

4.1.1.2 Structure de la matière

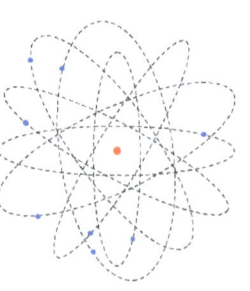 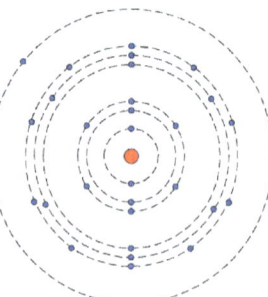

La structure de l'atome ne peut se comprendre que si l'on s'appuie sur 3 lois de la physique :

Il existe 2 sortes de charges électriques :

- ✓ Les charges positives qui se manifestent à la borne positive d'un générateur de courant
- ✓ Les charges négatives présentes à la borne négative.

Deux corps chargés d'électricité de même signe se repoussent.

Maintenance par les Opérateurs

Deux corps chargés d'électricité de noms contraires s'attirent.

L'atome occupe un volume sphérique dont le diamètre varie entre 0,7 et 5 cent millionièmes de cm selon la nature de l'élément. Cette sphère est vide sauf en son centre où l'on trouve une petite particule : le noyau composé de protons (charges positives) et de neutrons (sans charge) Autour du noyau gravitent, sur des orbites bien déterminées, des particules plus légères, les électrons chargés d'électricité négative. La masse d'un électron est près de 2000 fois inférieure à celle d'un proton ou d'un neutron.

	Très légers
Les électrons sont :	Porteurs d'une charge électrique négative
	En mouvement de rotation autour du noyau

Le noyau et les électrons, chargés d'électricité de noms contraire, s'attirent suivant une force F2.

D'autre part, comme l'électron tourne très vite autour du noyau, il est soumis à une force centrifuge F1 qui l'en éloigne.

L'action antagoniste de F1 et F2 maintien l'électron à distance constante du noyau.

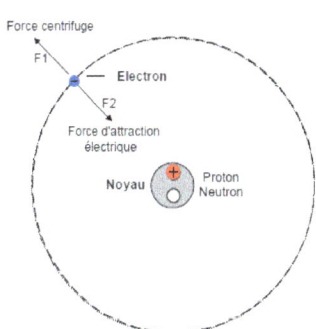

Le noyau est composé de : Neutrons (sans charges électriques) et de Protons (chargés d'électricité positive)

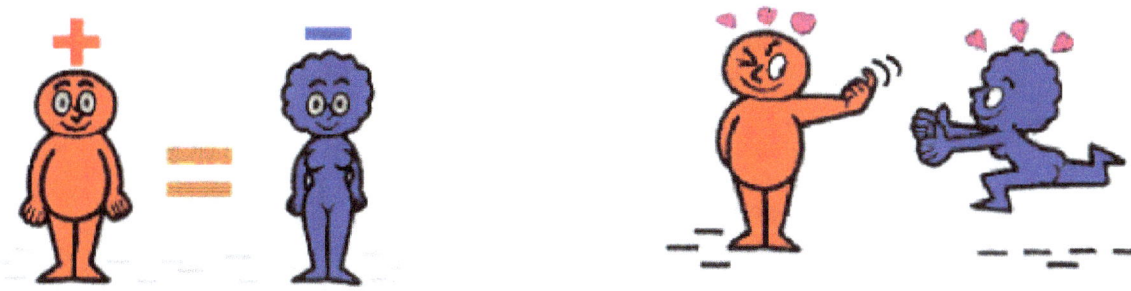

C'est parce qu'ils possèdent autant de charges négatives (électrons) que de charges positives dans le noyau (protons) que les atomes sont électriquement neutres.

Exemple:
- ✓ L'hydrogène n'a qu'un électron car son noyau ne porte qu'une charge positive.
- ✓ Le carbone a 6 électrons, car son noyau est porteur de 6 charges positives.

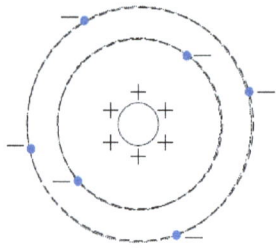

4.1.1.3 Ionisation

Les électrons gravitent autour du noyau sur des orbites bien déterminées.

Il existe 7 orbites sur lesquelles les électrons tournent si vite et dans tant de directions différentes qu'ils donnent l'impression d'occuper des sphères pleines.

Les électrons qui gravitent sur les orbites proches du noyau quittent difficilement leur orbite.

On les appelle : électrons internes.

Les électrons qui gravitent sur les orbites éloignées du noyau quittent plus facilement leur orbite.

On les appelle : électrons libres.

Ces électrons libres peuvent donc, pour différentes raisons, quitter l'atome.

C'est le phénomène d'ionisation.

Le courant électrique dans un conducteur est constitué par le passage d'électrons libres d'un atome vers un autre.

4.1.1.4 Electricité positive ou négative

Si un atome perd un ou plusieurs de ses électrons, le nombre de protons devient supérieur au nombre d'électrons, la charge positive du noyau est donc supérieure à la charge négative des électrons et l'atome se conduit comme un corps chargé positivement. Il porte le nom d'ion positif.

Mais le ou les électrons qui ont quitté l'atome ont pu se fixer sur un autre atome. Ce nouvel ensemble possède donc un nombre d'électrons supérieur au nombre de protons. La charge négative de l'atome est donc supérieure à la charge positive du noyau et l'ensemble forme un ion négatif qui se conduit comme une charge négative.

Le cuivre, l'aluminium, le fer, etc... qui sont des conducteurs de l'électricité, certaines charges négatives quittent volontiers les atomes auxquels elles appartiennent. Ces charges électriques, qui se déplacent constamment à l'intérieur du matériau, sont des « électrons libres ».	Dans les matériaux tels que la porcelaine, le verre, le caoutchouc, etc.., qui sont des isolants électriques, toutes les charges négatives sont prisonnières des charges positives ; ces matériaux ne possèdent pas d'électrons libres et, par conséquent, ils ne conduisent pas l'électricité.

4.1.2 Différence de potentiel ou tension

4.1.2.1 Potentiel

C'est le terme utilisé pour marquer l'excès ou le manque d'électrons à une borne d'un générateur.

4.1.2.2 Différence de potentiel

La différence de potentiel (d.d.p.) ou tension électrique c'est la différence des charges positive et négative qui existe entre les 2 bornes du générateur.

4.1.2.3 Unité

L'unité exprimant la d.d.p. est le volt (V)

4.1.2.4 Appareil de mesure de la d.d.p.

C'est le **voltmètre**.

Il se raccorde en parallèle et directement aux bornes de l'appareil entre lesquelles on désire mesurer la d.d.p.

4.1.2.4.1 Exemples

Tension d'une pile de lampe de poche :

         pile ronde   1,5 V

         pile plate   4,5 V

Tension d'une batterie d'auto   12 V

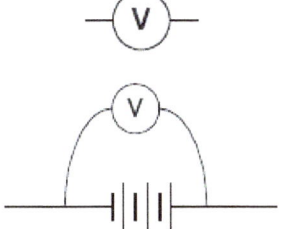

4.1.2.4.2 Remarque

« Batterie » est une expression employée en électricité et qui signifie « ensemble »

Batterie de piles : ensemble de plusieurs éléments de pile.

Batterie d'accumulateurs : ensemble de plusieurs éléments d'accumulateur.

Maintenance par les Opérateurs

4.1.2.5 Classement en domaines de tensions

4.1.2.5.1 Généralités

Sauf stipulations contraires, les indications relatives à la tension sont applicables au courant continu et au courant alternatif.

Pour les tensions alternatives, on donne les valeurs efficaces ; pour les tensions continues, les valeurs moyennes.

TBT　　　　　　　　　　BT　　　　　　　　　　HT

4.1.2.5.2 Classement

Dénomination	Catégorie		Courant alternatif en V
	Code		
Très basse tension	TBT		$U \leq 50$
Basse tension	BT	1°	$50 < U \leq 500$
		2°	$500 < U \leq 1000$
Haute tension	HT	1°	$1000 < U \leq 50\,000$
		2°	$U > 50\,000$

Maintenance par les Opérateurs

4.1.2.6 Exemple d'appareils de mesure communément appelés testeurs ou multimètres

Cet appareil possède une fonction de mesure de la continuité visuelle et sonore.

Cet instrument permet de détecter rapidement les circuits ou les bornes sous tension.

En plaçant simplement la pointe au niveau d'un bornier, d'une prise de courant ou d'un cordon ; la pointe s'allume et un bip est émis en présence de la tension.

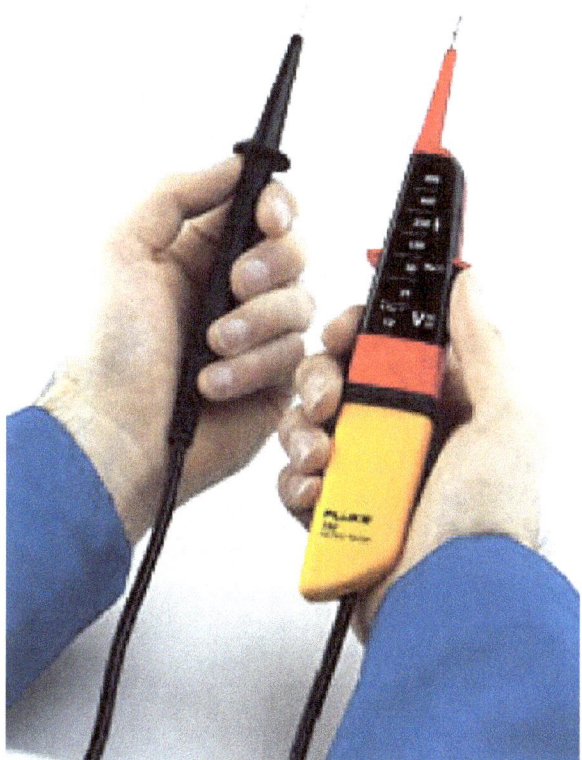

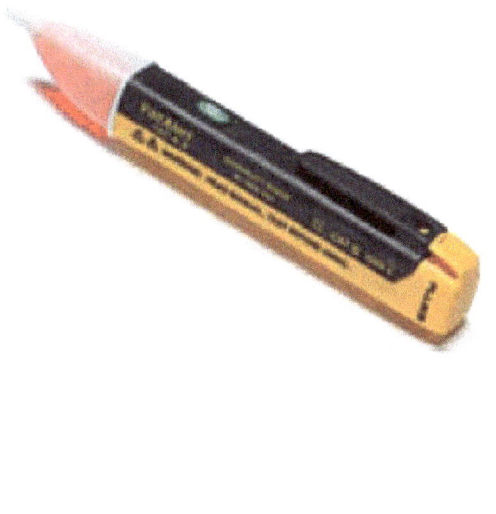

Ces appareils disposent de plusieurs fonctions : voltmètre, ampèremètre, ohmmètre, …

D'où l'appellation de multimètres.

Maintenance par les Opérateurs

4.1.3 Intensité

4.1.3.1.1 Expérience

Relier les bornes de la source par un conducteur en cuivre.

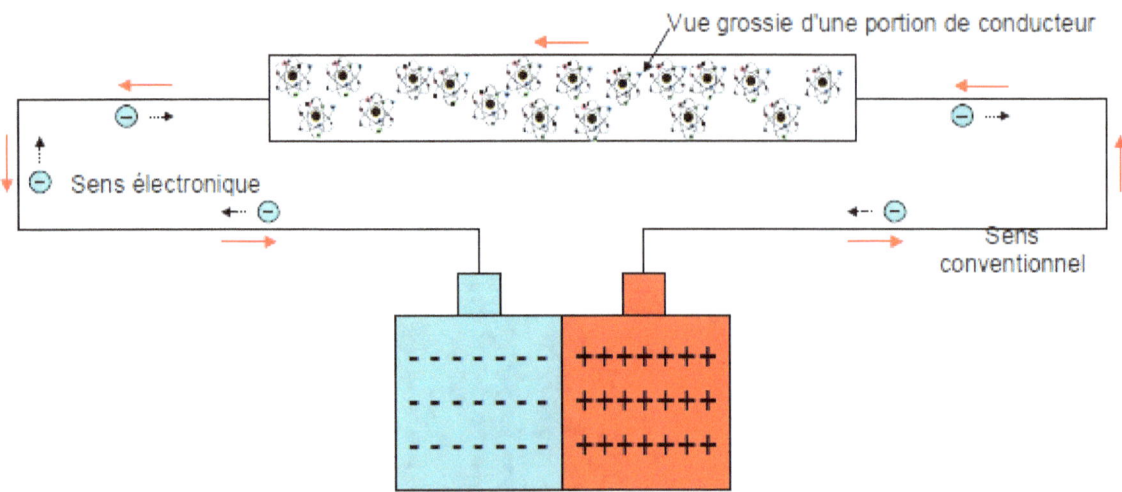

4.1.3.1.2 Explications

A la borne positive du générateur, il existe un manque d'électrons ; cette borne tend donc a en capter afin de rétablir son équilibre électrique (atomes électriquement neutres), mais ne peut pas les puiser directement dans l'autre partie du générateur. Les électrons libres des atomes du conducteur, voisins de la borne, sont ainsi captés.

A son tour l'atome qui vient de perdre un ou plusieurs électrons va essayer d'en capter. Il ne peut le faire qu'en s'appropriant ceux de l'atome voisin et ainsi de proche en proche jusqu'à la borne négative du générateur qui en a trop et tend donc à les repousser.

Il y a donc un mouvement ordonné des électrons libres dans la matière. Ils se déplacent de la borne négative (ou il y a un excès d'électrons) dans le conducteur jusqu'à la borne positive (ou il y a un manque d'électrons).

Dès que les électrons en excès de la borne négative sont venus compenser le manque d'électrons de la borne, positive, les charges électriques positives et négatives n'existent plus : le générateur est déchargé.

- ✓ S'il s'agit d'une pile, on la jette car elle devient sans utilités.
- ✓ S'il s'agit d'un accumulateur, on peut le recharger par un procédé électrique, c'est-à-dire qu'on recrée d'une part un excès d'électrons et de l'autre un manque.
- ✓ S'il s'agit d'une dynamo il en va autrement, le générateur a la possibilité de recréer en permanence les différentes charges - et + aussi longtemps qu'elle tourne.

4.1.3.1.3 Note

Pour que toutes les charges négatives ne rejoignent pas instantanément la borne positive (on créerait un court-circuit), on place dans le conducteur un corps qui possède peu d'électrons libres, limitant le passage de ceux-ci et qu'on nomme « récepteur » (lampes, réchauds...).

4.1.3.2 Conclusion

> *Le courant électrique est un déplacement ordonné d'électrons qui se fait, à l'extérieur du générateur, de la borne négative (-) à la borne positive.*

Sens conventionnel du courant électrique: de la borne positive vers la borne négative à l'extérieur du générateur

Sens électronique du courant électrique: de la borne négative vers la borne positive à l'extérieur du générateur.

4.1.3.3 Intensité d'un courant électrique

4.1.3.3.1 Intensité

Signifie littéralement « degré d'activité ».

L'intensité d'un courant électrique est déterminée par le nombre d'électrons se déplaçant par seconde dans le conducteur.

Maintenance par les Opérateurs

4.1.3.3.2 Unité

L'intensité d'un courant s'évalue en ampère A.

4.1.3.3.3 Symbole

Intensité I.

4.1.3.3.4 Exemple

Un courant d'une intensité de 5 A I = 5 A

Multiples:

le kilo-ampère 1 kA = 1000 A

le milliampère 1 mA = 0,001 A

le microampère 1 µA = 0,000001 A

Exemple de quelques intensités du courant de certains appareils :

Ecouteur téléphonique ....quelques mA

Lampe de poche ....0,3 A

Fer à repasser...4 A

Moteur industriel..de quelques ampères à quelques centaines.

4.1.3.4 Mesure de l'intensité d'un courant électrique.

La mesure de l'intensité d'un courant électrique s'effectue a l'aide d'un appareil appelé ampèremètre que l'on intercale en série dans le circuit électrique.

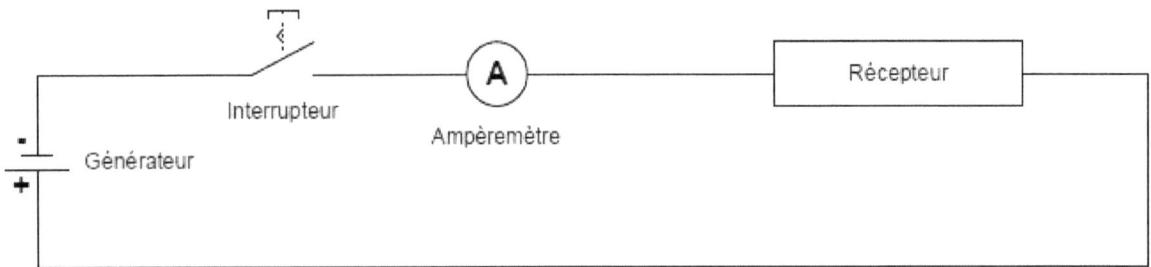

4.1.3.5 Aspects du courant électrique.

Le courant électrique existe sous deux aspects :

4.1.3.5.1 Le courant continu (symbole ==)

Sa particularité est de toujours conserver le même sens dans les conducteurs.

La polarité aux bornes du générateur ne change pas.

Maintenance par les Opérateurs

4.1.3.5.2 Le courant alternatif (symbole ~)

Ce courant circule dans les conducteurs dans un sens pendant une demi-période de temps et en sens inverse durant l'autre demi-période.

Ainsi les deux bornes du générateur sont alternativement positives et négative pendant cette période de temps.

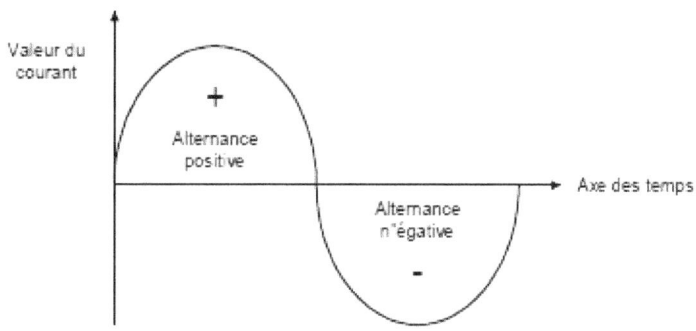

4.1.3.6 Quantité d'électricité

La quantité d'électricité Q est

- ✓ le nombre d'électrons transportés par un courant électrique I
- ✓ en un temps donné t

$$Q = I \times t$$

I : Intensité du courant exprimée en ampères   A

t : temps de passage du courant en secondes   s

ou en heure   h

Q : quantité d'électricité

L'unité de quantité d'électricité n'est pas l'électron qui est trop petit mais le coulomb

- ✓ 1 coulomb = 6,3 . 10^{15} électrons
- ✓ 1 coulomb = 1 ampère x 1 seconde

La quantité d'électricité est exprimée

- ✓ En coulomb C (ampères x secondes) si le temps est exprimé en secondes.
- ✓ En ampères-heures Ah si le temps est exprimé en heures.

Maintenance par les Opérateurs

1 Ah = 3600 C

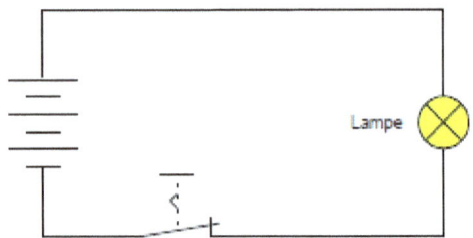 

L'intensité du courant est le quotient de la quantité d'électricité qui se déplace par seconde à travers le conducteur.

$$I = \frac{Q}{t}$$

4.1.4 Résistance (résistance électrique d'un conducteur)

4.1.4.1 Expériences

Entre les points A et B d'un circuit placer successivement des conducteurs de longueurs, de sections et de nature différente.

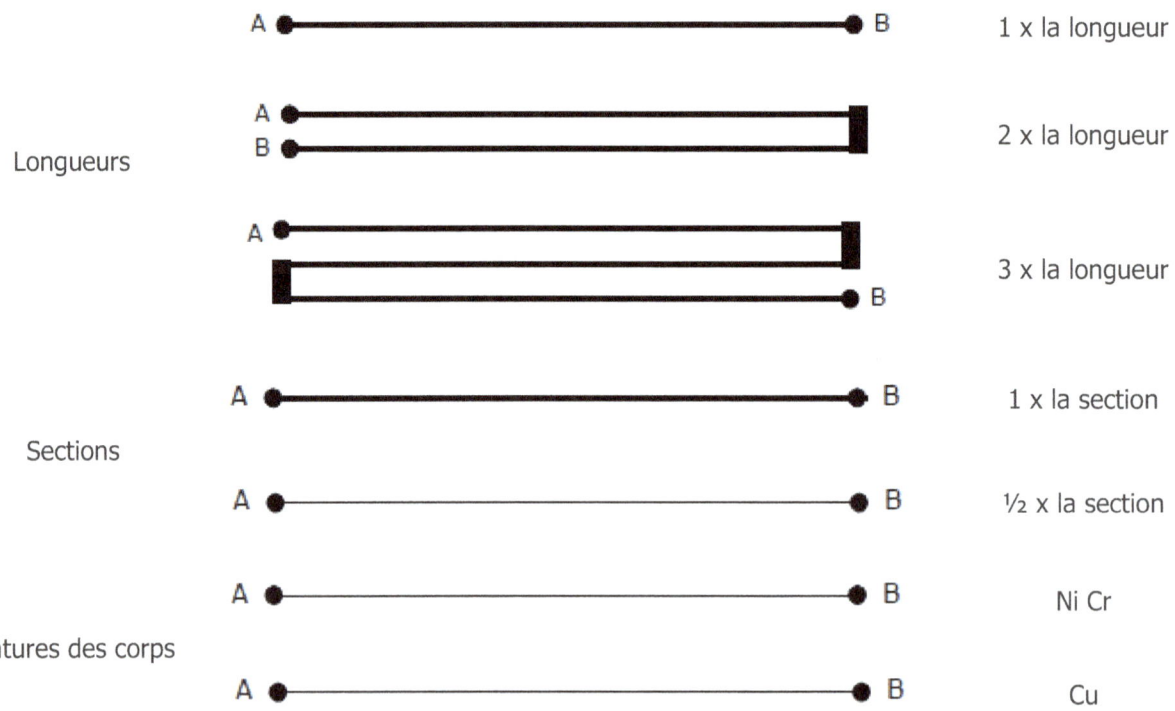

Maintenance par les Opérateurs

Variation de :	Matière	Longueur	Section	U = cte	Intensité du courant
La longueur	Chrome Nickel	1 m	1,5	2 V	3 A
		2 m			1,5 A
		3 m			1 A
La section	Chrome Nickel	1 m	1,5	2 V	3 A
		1 m	0,75		1,5 A
La nature du corps	Chrome Nickel	1 m	1,5	2 V	1,5 A
	Cuivre	1 m			I très grand

4.1.4.1.1 Observations

Si l'intensité du courant a varié selon les expériences, c'est que la résistance du circuit a également varié.

La résistance électrique d'un conducteur est la difficulté qu'offre ce conducteur au passage du courant électrique.

4.1.4.1.2 Conclusion

- ✓ Si la longueur augmente, l'intensité du courant diminue : la résistance R augmente. Elle est donc proportionnelle à la longueur.
- ✓ Plus la section est grande, plus l'intensité du courant augmente : la résistance R est inversement proportionnelle à la section.
- ✓ Pour une même longueur et une même section, l'intensité du courant dépend de la nature du corps.

4.1.4.2 Résistivité ou résistance spécifique

4.1.4.2.1 Définition

C'est la résistance d'un fil de 1 m de long et de 1 mm² de section, à une température déterminée.

Elle dépend de la matière du conducteur.

Cette constante est désignée par la lettre grecque rhô (ρ), sa valeur sera différente selon la matière.

Elle s'exprime en ohm mm² / mètre (Ω mm² / m).

Quelques valeurs de la résistivité ρ en Ω mm² / m à 20° C

Cuivre	0,017
Argent	0,016

Maintenance par les Opérateurs

Aluminium	0,028
Fer	0,1
Etain	0,115
Plomb	0,22
Mercure	0,958
Tungstène	0,055
Nickel-Chrome	1
Ferro-Nickel	0,8
Manganine	0,42
Bronze	0,067
Laiton	0,07

4.1.4.2.2 Alliage

NI + Cr + Fe

Fe + Ni

Cu + Mn + Ni

Cu + Sn

Cu + Zn

4.1.4.3 Loi de Pouillet

$$R = \frac{\rho\, l}{S}$$

R s'exprime en Ω

l s'exprime en m

S s'exprime en mm²

ρ s'exprime en Ωmm²/m

L'unité de résistance électrique est l'ohm   Symbole Ω (lettre grecque oméga)

Multiples	Le mégohm MΩ	1 000 000 Ω
	Le kilo ohm KΩ	1 000 Ω

Maintenance par les Opérateurs

| Sous-multiple | Le milliohm mΩ | 0,001 Ω |

Symboles de la résistance

4.1.4.3.1 Rhéostats

Ce sont des résistances variables permettant de régler l'intensité du courant dans son circuit.

Symbole du rhéostat   Rh

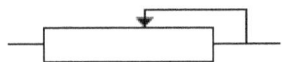

Rhéostat à curseur

Le rhéostat à curseur permet un réglage progressif de l'intensité du courant dans le circuit tandis que le rhéostat à plots ne permet qu'un réglage par bonds.

Rhéostat à plots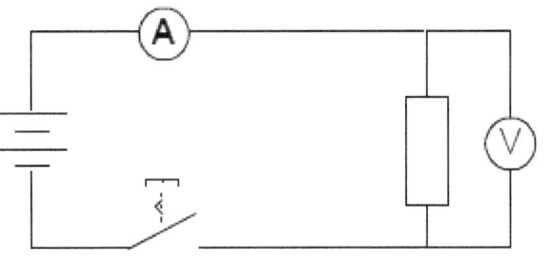

4.1.5 Relation entre résistance, intensité et tension – Loi d'Ohm

4.1.5.1 Expériences

1. La résistance étant constante, faire varier la tension : observer l'intensité du courant électrique dans le circuit.
2. La tension étant constante, faire varier la résistance du circuit : observer l'intensité du courant.

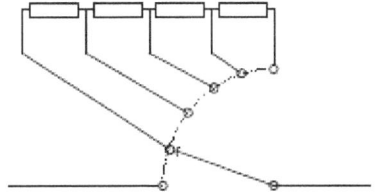

4.1.5.2 Influence de la tension

U	R	I
4 V	10 Ω	0,4 A
8 V	10 Ω	0,8 A

Maintenance par les Opérateurs

12 V	10 Ω	1,2 A

Si U augmente, I..

4.1.5.3 Influence de la résistance

U	R	I
12 V	10 Ω	1,2 A
12 V	30 Ω	0,6 A
12 V	30 Ω	0,4 A

Si R augmente, I..

4.1.5.4 Conclusion

- ✓ L'intensité du courant I est directement proportionnelle à la tension U, la résistance étant constante.
- ✓ L'intensité du courant I est inversement proportionnelle à la résistance R, la tension restant constante.

4.1.5.4.1 Loi d'ohm

On peut donc écrire que,

$$I = \frac{U}{R} \quad \text{ou} \quad U = R\,I$$

U s'exprime en Volts (V)   R s'exprime en Ohms (Ω)   I s'exprime en Ampères (A)

La tension ou ddp existant aux bornes d'un circuit est égale au produit de la résistance du circuit par l'intensité du courant circulant dans le circuit.

4.1.5.4.2 Définitions

- ✓ Le volt est la tension existant aux bornes d'un générateur qui fait circuler un courant de 1 A dans une résistance de 1 Ω.
- ✓ L'ampère est l'intensité du courant qui circule dans un circuit de résistance 1 Ω si le générateur produit une ddp de 1 V.
- ✓ L'ohm est la résistance du circuit électrique qui laisse circuler un courant de 1 A sous une ddp ; de 1 V au générateur.

4.1.6 Puissance

Un récepteur (réchaud, fer à repasser, résistances de chauffage...) est un appareil qui transforme de l'énergie électrique en énergie thermique.

La tension ou différence de potentiel (ddp) apparaissant aux bornes d'un tel récepteur est due au passage du courant.

Loi d'ohm U = RI.

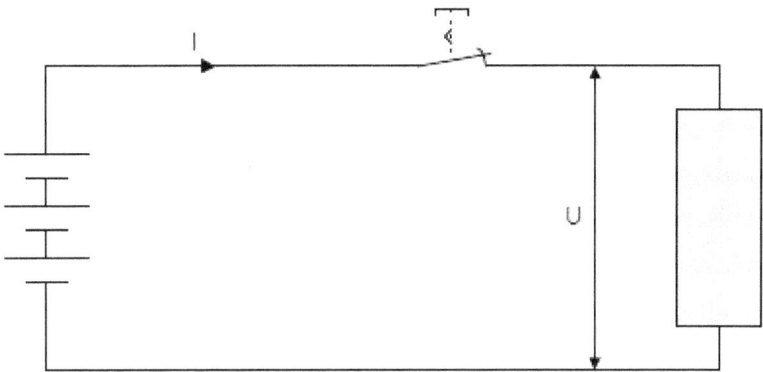

L'énergie thermique qui se dégage est fournie par la quantité d'électricité qui traverse le récepteur.

Chaque coulomb traversant le récepteur lui fournir une certaine quantité d'énergie.

On peut donc dire : que Q coulombs cèdent une énergie W joules !

Cette perte d'énergie de chaque coulomb mesure la ddp entre l'entrée et la sortie du récepteur.

$$U \text{ volts} = \frac{W \text{ joules}}{Q \text{ coulombs}}$$

$$Or\ Q = It\ et\ P = \frac{W}{t} \Rightarrow U = \frac{W}{It} \Leftrightarrow \frac{W}{t} \times \frac{1}{I} = P \times \frac{1}{I} \Rightarrow U = \frac{P}{I}$$

$$\boxed{P = U \times I}$$

L'énergie dégagée pendant chaque seconde (puissance) est donc le produit de la tension (ddp) par l'intensité du courant.

$$Or\ U = RI \Rightarrow P = R\ I \times I$$

$$\boxed{P = R \times I^2}$$

$$I = \frac{U}{R} \Rightarrow P = U \times \frac{U}{R}$$

Maintenance par les Opérateurs

$$P = \frac{U^2}{R}$$

4.1.6.1.1 Remarque

Différence de potentiel.

Une ddp de 1 V existe entre 2 points d'un circuit électrique si une charge de 1 coulomb effectue un travail de 1 joule pour se déplacer entre ces 2 points.

4.1.7 Grandeurs et unités

Grandeurs		Unités	
Nom	Symbole	Nom	Symbole
Temps	**t**	Seconde	**s**
Intensité de courant	**I**	Ampère	**A**
Puissance	**P**	Watt	**W**
Tension électrique	**V – E – U**	Volt	**V**
Résistance électrique	**R**	Ohm	**Ω**
Température	**T° ; t°**	Degré centigrade	**°C**
Fréquence	**f**	Hertz	**Hz**
Capacité	**C**	Farad	**F**
Inductance	**L**	Henry	**H**

4.1.8 Coefficient : kilo, milli, …

Préfixe	Symbole	Valeur par rapport à l'unité
Terra	**T**	x 1000000000000 = 10^{15}
Giga	**G**	x 1000000000 = 10^9
Méga	**M**	x 1000000 = 10^6
Kilo	**k**	x 1000 = 10^3

Maintenance par les Opérateurs

Hecto	**h**	x 100 = 10^2
Déca	**da**	x 10 = 10^1
Unité		x 1 = 1
Déci	**d**	x 0.1 = 10^{-1}
Centi	**c**	x 0.01 = 10^{-2}
Milli	**m**	x 0.001 = 10^{-3}
Micro	**µ**	x 0.000001 = 10^{-6}
Nano	**n**	x 0.000000001 = 10^{-9}
Pico	**p**	x 0.000000000001 = 10^{-12}
Fento	**f**	x 0.000000000000001 = 10^{-15}
alto	**a**	x 0.000000000000000001 = 10^{-18}

5. LA PNEUMATIQUE

5.1 Généralités

La représentation graphique des constituants pneumatiques et hydrauliques est donnée dans les normes NFE04-056, E04-057 et E49-600.

La structure d'une distribution pneumatique sera toujours réalisée suivant le principe ci-dessus (voir chapitre sur la chaîne énergie) et on peut faire un parallèle avec une distribution électrique.

Energie		Fonction
Pneumatique ou hydraulique	Electrique	
Groupe Compresseur	Transformateur	Production - Adaptation
Filtre et lubrificateur	Filtres actifs et passifs	Traitement de l'énergie
Sectionneur et limiteur	Sectionneur et disjoncteur	Isolation et protection
Distributeur	Contacteur ou interrupteur	Commande de puissance
Vérin ou moteur	Moteur	Actionneur

5.1.1 La composition de l'air

L'air est composé d'azote, de gaz rares et de gaz carbonique. Des particules ou impuretés s'ajoutent à cette composition.

Ce sont principalement :

1. les poussières
2. la vapeur d'eau

Elles sont nuisibles au bon fonctionnement des éléments d'un système.

Maintenance par les Opérateurs

5.1.2 Unité de pression

-l'unité légale est le pascal : 1Pa = 1 N/m²

-l'unité usuelle est le bar 1 bar = 1 daN/cm2 = 10 N/cm2 = 10^5 Pa

-l'unité Anglo-saxonne est le PSI (Pound per Square Inch) : 1bar = 14.3 PSI

*Remarque le niveau de pression utilisé par les systèmes de production se situe principalement entre 5 et 7 bars. La production est stabilisée entre 7 et 8 bars pour compenser les pertes dans le circuit de distribution.

5.1.3 Unité de puissance.

La puissance pneumatique s'exprime par P= p.q en Watts (W), p étant la pression et q le débit

5.2 Production de l'air comprimé.

Une installation centralisée de traitement de l'air comporte en général:

- un refroidisseur qui abaisse la température de l'air comprimé pour condenser la vapeur cl eau,
- un sécheur qui élimine l'eau par séchage frigorifique ou par absorption,
- un accumulateur pour répondre aux pointes de consommation.

5.3 Traitement de l'énergie : Traitement de l'air comprimé

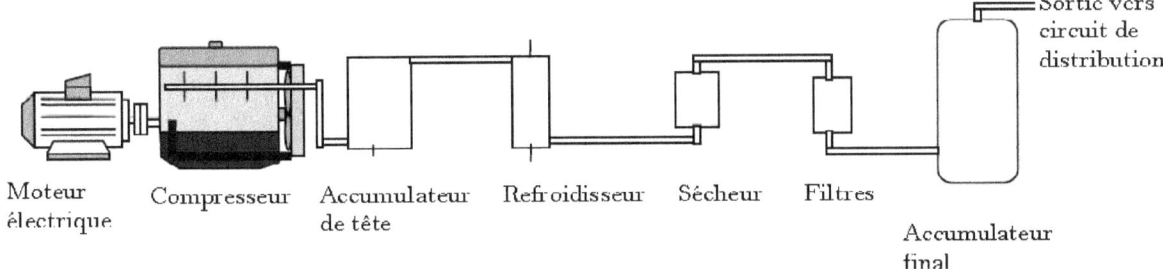

L'air contient Toujours de la vapeur d'eau. Lorsqu'il est comprimé, il s'échauffe. Il se refroidit ensuite dans le réseau de distribution, ce qui entraîne la condensation sous forme de brouillard, d'une partie de la vapeur d'eau. Cette eau se mélange à l'huile émise par le compresseur et aux poussières de rouille des tuyauteries du réseau. Malgré les précautions prises en amont, une partie de ces impuretés liquides et solides atteint les machines. Dans tous les cas, il y a donc lieu de filtrer l'air en entrée de machine et de retenir les impuretés liquides. Le compresseur de l'installation travaille entre une pression minimale (mise en marche) et une pression maximale (arrêt), Sur chaque machine, cette fluctuation de la pression du réseau peut être accentuée par les variations de la demande en air des machines voisines. Pour obtenir une constance de travail des machines, il est donc important de réguler cette pression et de l'ajuster à la valeur optimale pour chaque machine.

Enfin, il est recommandé de lubrifier l'air à l'entrée des machines cela s'avère indispensable pour certains actionneurs tels les moteurs rotatifs pneumatiques. La lubrification est toutefois moins nécessaire pour les vérins: ces derniers évoluent vers un fonctionnement n'exigeant plus d'apport d'huile.

Maintenance par les Opérateurs

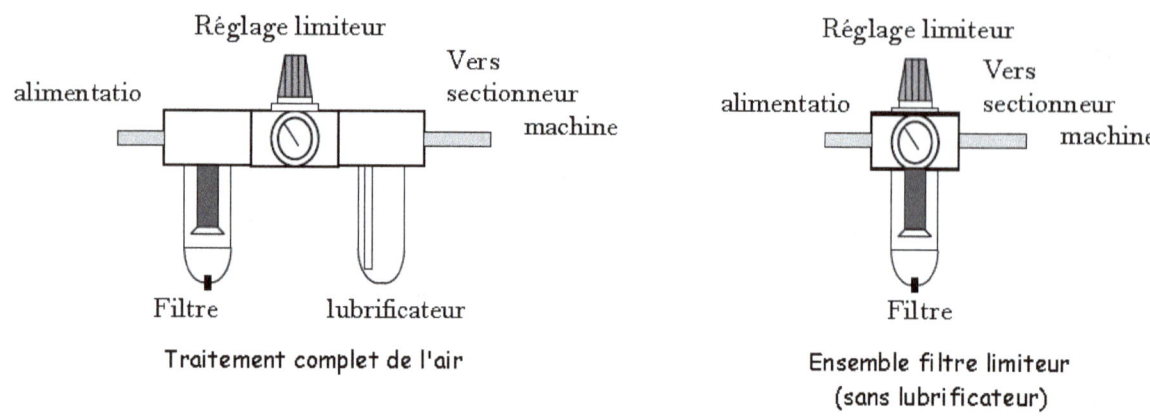

Traitement complet de l'air

Ensemble filtre limiteur (sans lubrificateur)

*Remarque : qu'est-ce qu'un accumulateur ?

Réservoir de fluide sous pression disponible en permanence, il régularise la demande (réserve tampon).

L'enveloppe souple, vessie gonflée avec de l'azote, emmagasine ou restitue à tout moment l'énergie transmise par le fluide.

Utilisation : accumulateur d'énergie, anti-bélier, amortisseur, compensateur,…

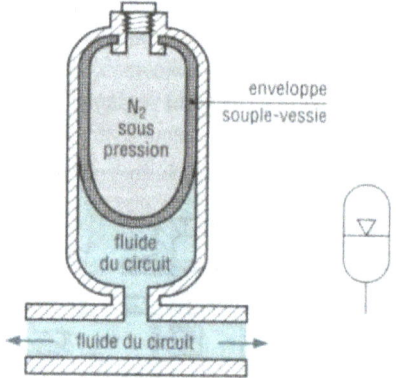

Maintenance par les Opérateurs

5.3.1 Niveau de filtration de l'air comprimé

Le domaine d'utilisation de l'air comprimé impose un niveau de filtration particulier. La configuration de la production est fonction du besoin.

Niveau	Domaine	Besoin	Configuration
1	outillages simples	éviter l'abrasion et la corrosion	(*) + purge, eau, poussières
2	outillages industriels	poussières < 0,3 µm	(*) + purge, eau, poussières
3	peintures	air sec	(*) + sécheur, eau, poussières
4	contrôle et mesure peinture de haute qualité	air sec et poussières < 0,3 µm	(*) + sécheur, poussières
5	mesure de précision industrie électronique peinture électrostatique	air sec et poussières < 0,001 µm	(*) + sécheur, poussières
6	industrie pharmaceutique et alimentaire	air sec, inodore et poussières < 0,001 µm	(*) + sécheur, poussières et odeur
7	cas particuliers	air très sec	déshydratation importante

(*) : Ensemble compresseur-accumulateur-refroidisseur

5.3.2 Les modules de conditionnement

Indépendamment de l'attention apportée à la filtration de l'air lors de sa production et de sa distribution, chaque système, voire chaque partie de système demande une filtration particulière. De plus la distribution ne permet pas toujours de supprimer :

- une condensation dans le réseau

- une fluctuation du débit et de la pression due aux variations de la consommation.

Différents éléments d'addition ou de purification placés en entrée des systèmes permettent

- d'obtenir les teneurs minimales en impuretés

- d'ajuster les paramètres de débit et de pression

- d'assurer une lubrification pour certains organes.

Il est souvent intéressant d'associer aux ensembles de traitement d'air les moyens de distribution contrôlant l'alimentation de l'ensemble de l'installation. On utilisera des sectionneurs modulaires 3/2 pour couper la pression et, si l'installation comporte des vérins importants, démarreur progressif pour redémarrer dans de bonnes conditions de sécurité.

5.3.3 Les différents composants.

Ces composants font partie de chaque système. Ils se situent à l'arrivée de l'air comprimé.

Maintenance par les Opérateurs

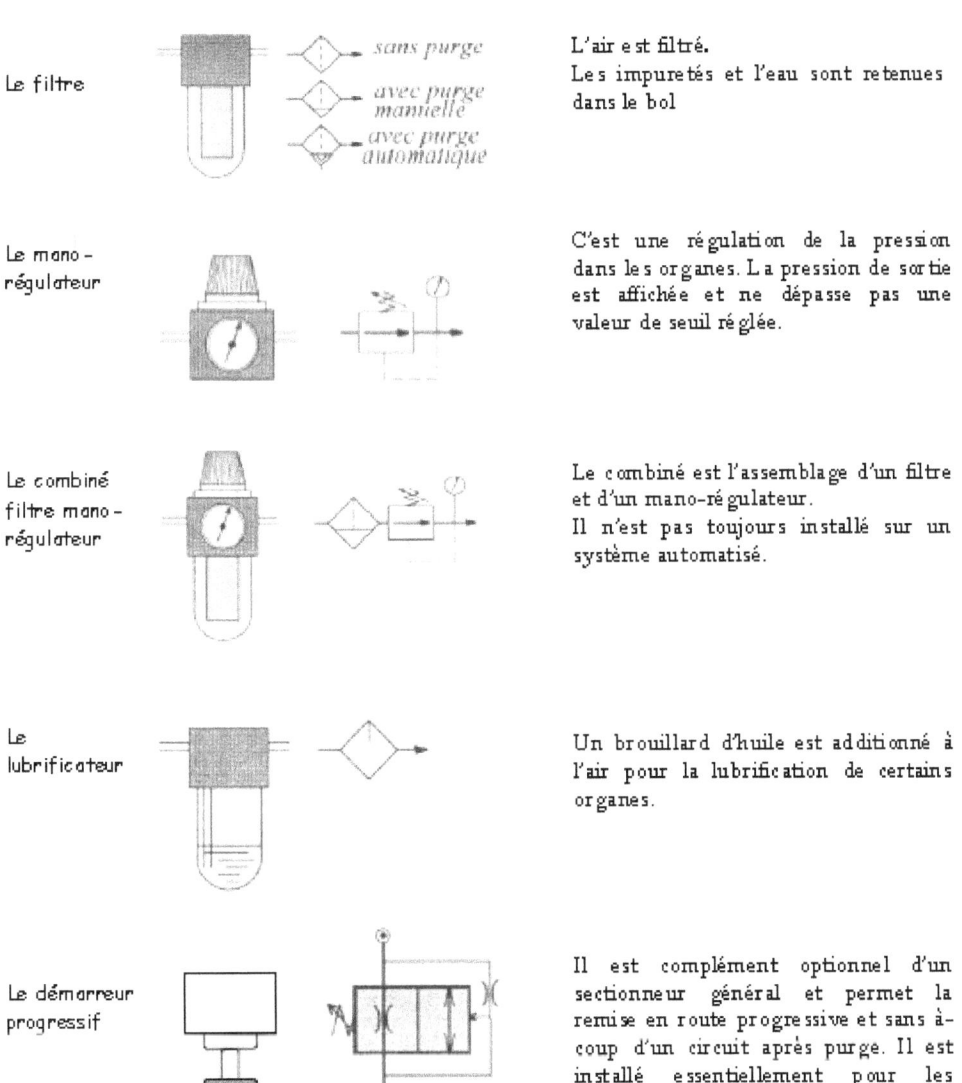

Le filtre		L'air est filtré. Les impuretés et l'eau sont retenues dans le bol
Le mano-régulateur		C'est une régulation de la pression dans les organes. La pression de sortie est affichée et ne dépasse pas une valeur de seuil réglée.
Le combiné filtre mano-régulateur		Le combiné est l'assemblage d'un filtre et d'un mano-régulateur. Il n'est pas toujours installé sur un système automatisé.
Le lubrificateur		Un brouillard d'huile est additionné à l'air pour la lubrification de certains organes.
Le démarreur progressif		Il est complément optionnel d'un sectionneur général et permet la remise en route progressive et sans à-coup d'un circuit après purge. Il est installé essentiellement pour les mouvements dangereux.

5.3.4 Principe de fonctionnement.

5.3.4.1 Les filtres

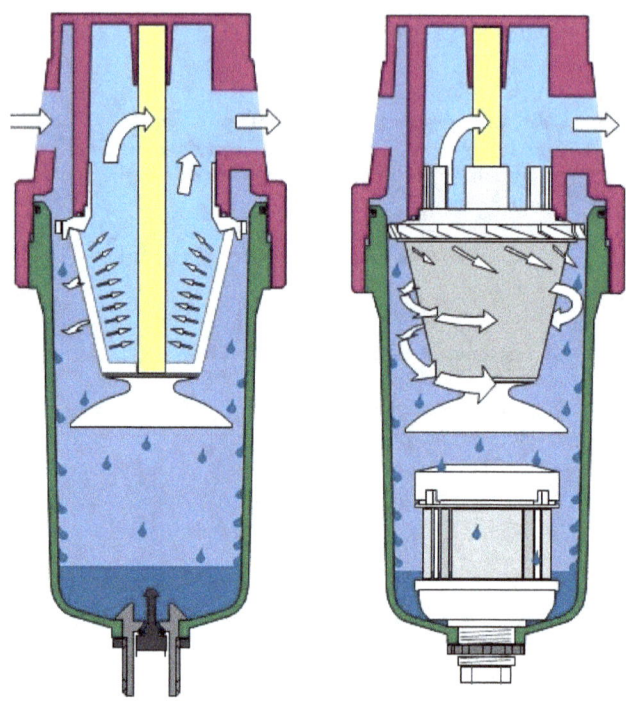

Les impuretés sont retenues par centrifugation et par filtrage.

La centrifugation est obtenue par des ailettes en forme de Turbine. Le filtre est une paroi poreuse. Le calibrage est choisi par le débit d'air qui s'exprime par la taille des orifices. De façon simple, il est déterminé par la consommation du plus gros actionneur.

5.3.4.2 Les régulateurs de pression

La pression d'alimentation Pc fournie par le réseau est supérieure à la pression utile Pu dans le système. Le régulateur stabilise Pu malgré les fluctuations de la consommation en amont ou en aval.

Lorsque la pression augmente, le tiroir se ferme en comprimant le ressort.

- sans débit, le tiroir se ferme dès que Pc > Pu

- avec débit, le tiroir ne se ferme pas totalement mais suffisamment pour créer une perte de charge.

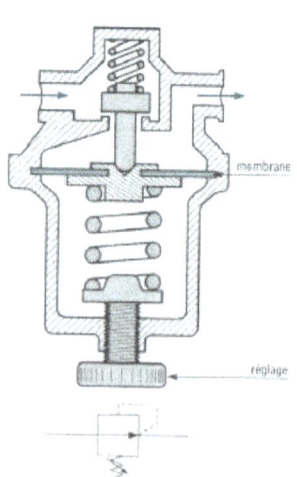

5.3.4.3 Les lubrificateurs

L'air comprimé passant dans le tube 2 crée une dépression (venturi) dans le tube 1. L'huile en réserve au fond du bol, est aspirée et se propage en fines gouttelettes en sortant du tube 1.

Il existe deux modèles :

- les lubrificateurs par micro-brouillard : les grosses gouttes se déposent dans le bol évitant ainsi une consommation importante.

- les lubrificateurs par brouillard : la lubrification est plus importante.

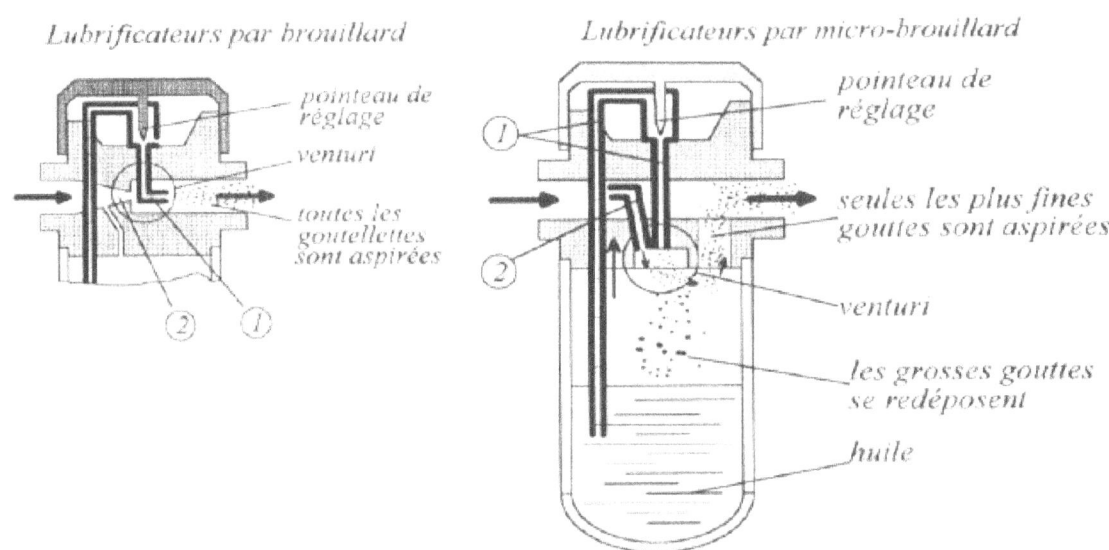

5.4 Les principaux organes de puissances

La norme précise que chaque appareil est dessiné dans la position qu'il occupe a l'état initial de l'installation. L'état initial de l'installation est après la mise sous pression et juste avant le départ cycle.

Les appareils de commande sont représentés en position de repos, c'est-à-dire sans information manuelle ou électrique.

Pour comprendre un système, ses fonctions et ses dysfonctionnements, il est important de bien connaître chacun de ses composants, son mode de fonctionnement, ses caractéristiques, son domaine d'emploi, ses dangers...

5.5 Les vérins

Les vérins ont un domaine d'utilisation bien particulier. Ils sont sûrs. La pression d'alimentation en air comprimé inférieure ou égale à 8 bars les rend peu dangereux.

5.5.1 Domaine d'utilisation

Le vérin est utilisé soit statiquement comme élément de serrage, soit dynamiquement comme élément de transport.

Maintenance par les Opérateurs

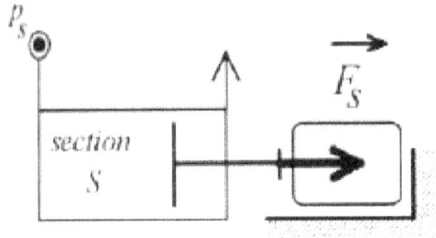

L'effort de serrage Fs est calculé en statique en fonction de la pression d'alimentation et de la section du vérin

Fs = ps . S

* Vérin travaillant en dynamique : le transport

L'effort dynamique Fd est directement lié à l'effort résistant et à la section du vérin :

Fd = p1.S1- Ff - p0.S0

(avec p0.S0 la force de contre pression et Ff la force de frottement.)

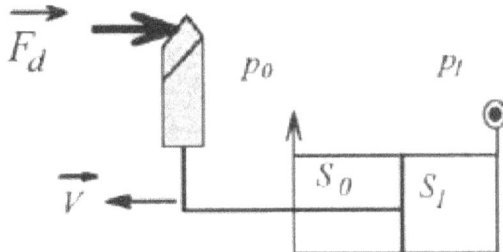

Remarque : en pratique les vérins dynamiques sont calculés tels que Fd = 2/3 Fs, en négligeant les frottements.

5.5.2 Mesure des pressions

*Vérin de serrage : En mouvement Ps est faible

En serrage Ps est égale à la pression d'alimentation maximum

*Vérin de transport : En mouvement P1= 2/3 P alimentation

En fin de course P1 est égale à la pression d'alimentation

5.5.3 Diagnostic sur vérin

Le vérin est un élément sûr, si le conditionnement de l'air est satisfaisant. C'est l'un des derniers éléments à contrôler, d'autant plus que les tests sont difficiles à réaliser.

Maintenance par les Opérateurs

5.5.3.1   Fonction d'un vérin

- Le guidage est assuré par le piston et le palier. Le palier supporte les efforts

- L'étanchéité est assurée par des joints statiques et dynamiques. Un joint racleur est utilisé pour des ambiances corrosives.

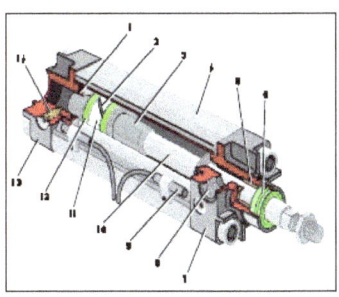 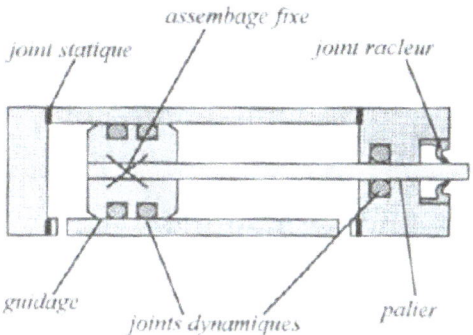 

5.5.3.2   Principales défaillances

Effets	Causes possibles	Remèdes possibles	Origines
La tige sort alors que la contre chambre est sous pression	les pressions sont équilibrées, le joint dynamique du piston est HS	vérifier l'étanchéité changer le vérin	
La tige reste encrassée	le joint racleur est Hs	changer le joint prévoir des protections	
Il y a une perte d'énergie (faible) et fuite d'air	le joint dynamique de la tige est HS	vérifier le guidage et l'état de surface de la tige changer le joint	
Il y a une perte d'énergie importante	le palier est usé	changer le palier	
La tige est en travers	le piston et la tige sont désolidarisés	faire une étude des efforts	

5.5.4 Maintenance préventive

Les vérins ont un mode de dégradation lent généré principalement par l'usure.

- La maintenance préventive conditionnelle est réalisée soit par une mesure différentielle des pressions d'entrée et de sortie, soit par l'analyse des temps de cycle du vérin.

- La maintenance préventive systématique prévoit:

*soit le remplacement possible du vérin à une certaine échéance

*soit des visites systématiques des paliers et des joints pour des vérins importants.

5.6 Autres actionneurs

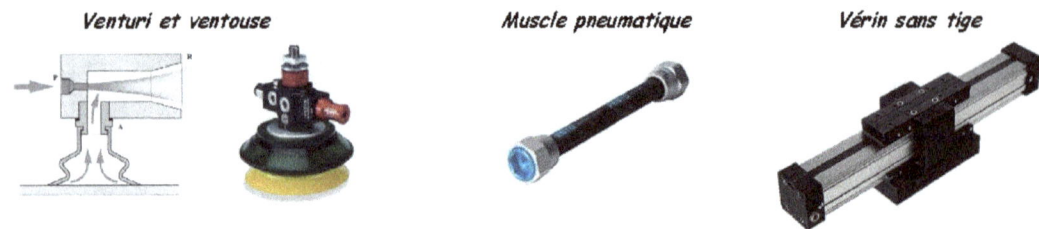

Venturi et ventouse — Muscle pneumatique — Vérin sans tige

5.7 Les distributeurs

Les distributeurs sont les organes principaux dans la recherche de la partie défaillante.

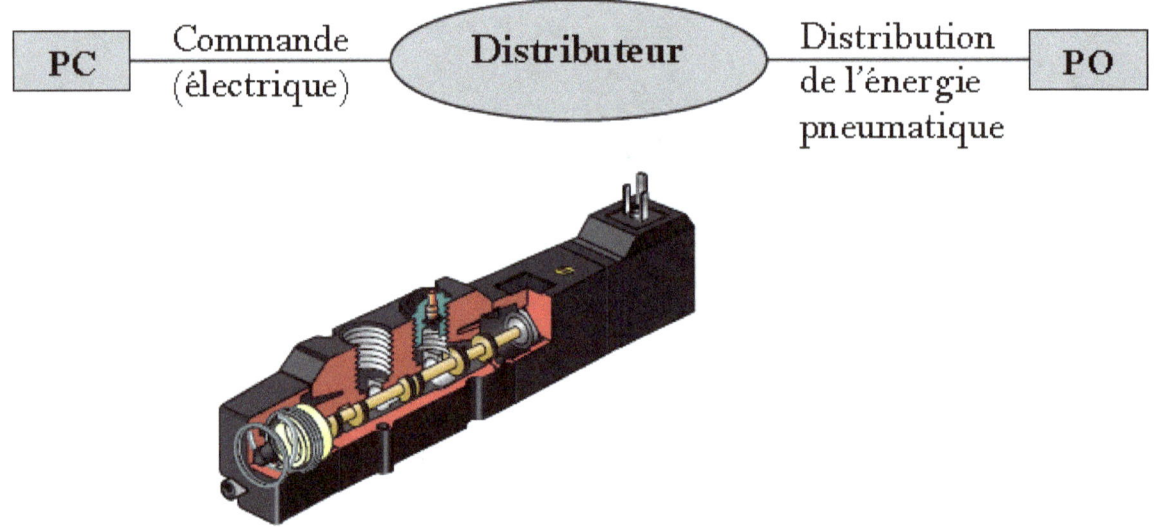

5.7.1 Exploitation

Ils sont utilisés pour commuter et contrôler la circulation des fluides sous pressions, comme des aiguillages. Ils permettent de :

* Contrôler le mouvement de la tige d'un vérin ou la rotation d'un moteur pneumatique (distributeurs de puissance)

* Choisir le sens de circulation d'un fluide (aiguiller, dériver, etc. ...)

* Exécuter à partir d'un fluide, des fonctions logiques (fonctions ET, OU, mémoire, etc.)

* Démarrer ou arrêter la circulation d'un fluide (robinet d'arrêt, bloqueur...)

La symbolisation des distributeurs est donnée par la norme NF ISO 1219-15 E04-O56 tel que :

* Nombre de cases: représente le nombre de positions de commutations possibles, une case par position. S'il existe une position intermédiaire la case est délimitée par des traits pointillés.

* Flèches : à l'intérieur des boîtes, elles indiquent le sens de circulation ou les voies de passage du fluide entre les orifices.

* Source de pression :Elle est indiquée par un cercle noirci en hydraulique, avec un point en pneumatique.

Maintenance par les Opérateurs

* Echappement : Il est symbolisé par un triangle noirci en hydraulique, clair en pneumatique. Un triangle accolé a la boîte signifie que l'air est évacué à l'ambiance. Un triangle décalé, au bout d'un trait, précise une évacuation possible à partir d'une canalisation connectable.

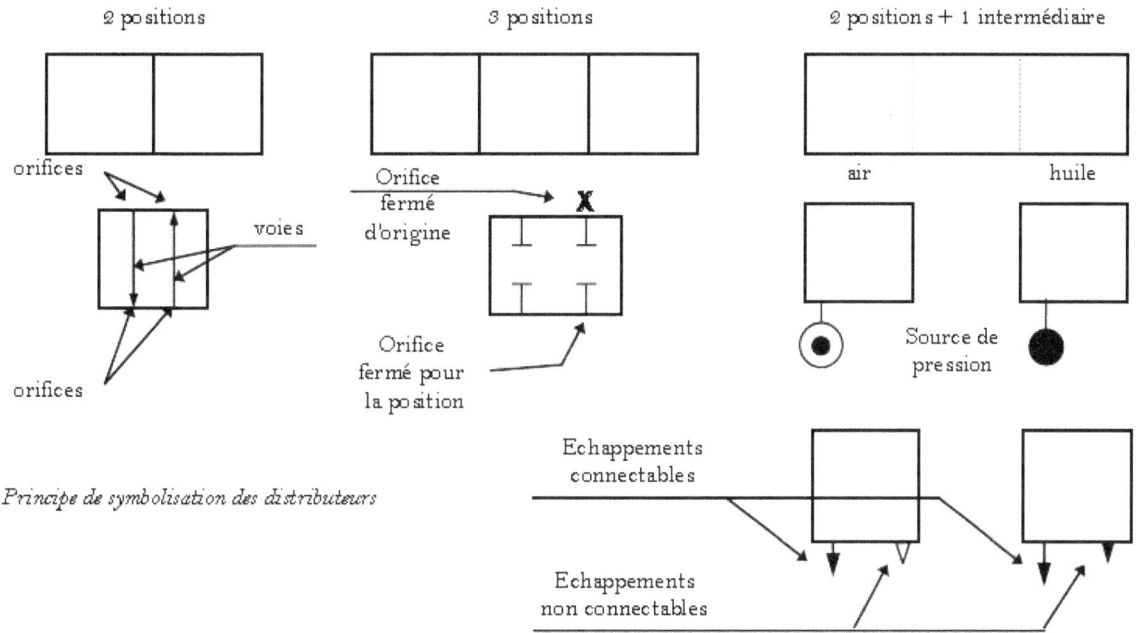

Principe de symbolisation des distributeurs

* Position initiale : les lignes de raccordement entre réseau et distributeur aboutissent toujours à la case symbolisant la position initiale ou repos, cette case est placée à droite pour les distributeurs a 2 positions, au milieu pour ceux à trois positions.

Les orifices sont repérés par des lettres en hydraulique et par des chiffres en pneumatique.

Les voies de circulation à l'intérieur des cases dépendent de la position repos. Pour les schémas, choisir de préférence des tiges de vérins sortant de gauche à droite ou de bas en haut.

5.7.2 Principaux distributeurs et principaux dispositifs de pilotages

	Principaux distributeurs et principaux dispositifs de pilotage				
	symbole	orifices	positions	symboles de pilotages	
2/2	N.F	2	2	général	manuel
2/2	N.O.	2	2	bouton poussoir	
				levier	
3/2	N.F	3	2	pédale	
3/2	N.O.	3	2	poussoir	mécanique
				ressort	
4/2		4	2	galet	
				1 enroulement	électro-aimant
5/2		5	2	2 enroulements inversés	
				hydraulique	distributeur pilote
4/3	centre fermé	4	3	pneumatique	
				par détente	
5/3	centre ouvert	5	3	électro-aimant + distributeur pilote	
				électro-aimant ou distributeur pilote	

N.F : normalement fermé
N.O : normalement ouvert

5.7.3 Désignation des distributeurs

Elle tient compte des points suivants : nombre d'orifices et nombre de positions, les distributeurs sont désignés par leur nombre d'orifices suivi par leur nombre de positions.

Exemple : 5/2 signifie distributeur à 5 orifices et 2 positions.

Distributeur normalement fermé (NF) : lorsqu'il n'y a pas de circulation de fluide à travers le distributeur en position repos (ou initiale), le distributeur est dit normalement fermé.

Distributeur normalement ouvert (NO) : C'est l'inverse du cas précédent, au repos il y a circulation du fluide à travers le distributeur.

Distributeur monostable : distributeur ayant une seule position stable. Dans ce type de construction, un ressort de rappel ramène systématiquement le dispositif dans sa position initiale, ou repos, dès que le signal de commande ou d'activation est interrompu.

Maintenance par les Opérateurs

Distributeur bistable : admet 2 positions stables ou d'équilibre. Pour passer d'une position ù une autre, une impulsion de commande ou de pilotage suffit pour provoquer le changement. Le maintien en position est assuré par adhérence ou par aimantation.

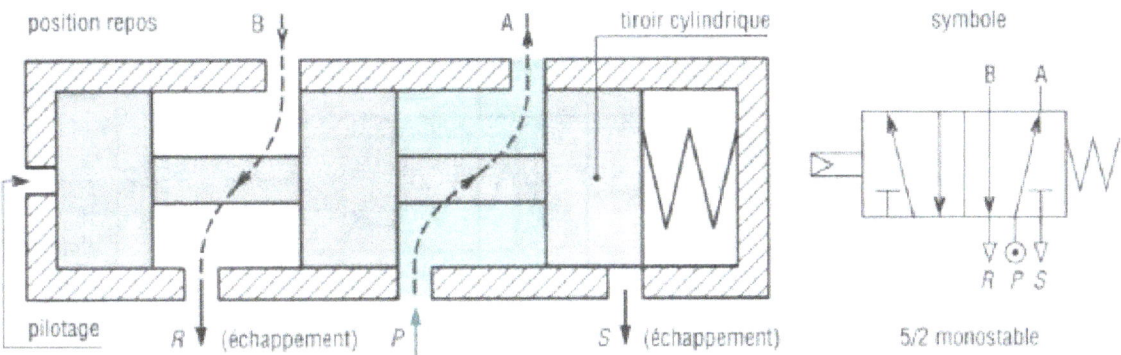

Exemple de réalisation simplifiée d'un distributeur 5/2 monostable.

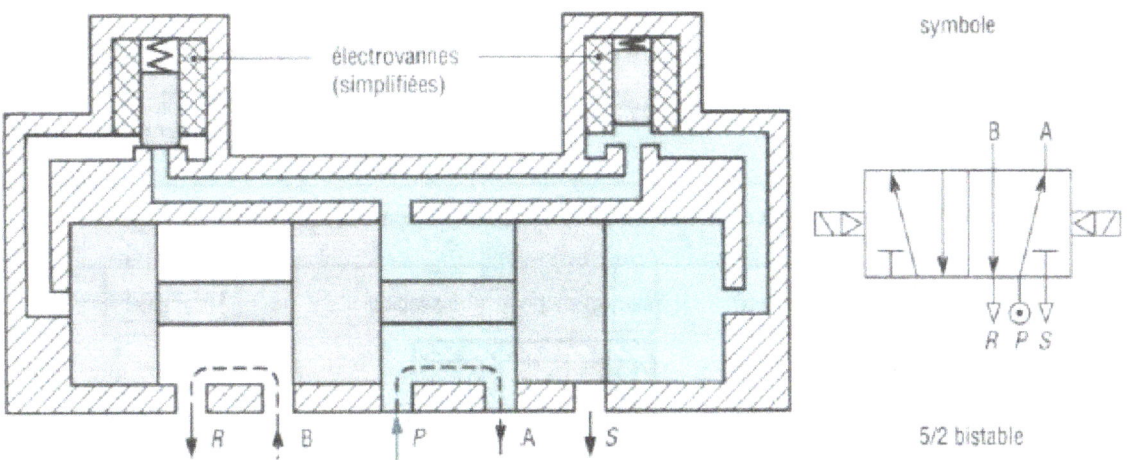

Exemple simplifié d'un distributeur 5/2 bistable commandé par électrovannes.

Leur fonctionnement peut être comparé à celui d'une mémoire à 2 états : 1 ou 0, oui ou non.

Centre fermé, pour 4/3 et 5/3 : en position neutre ou repos à centre fermé, le fluide ne peut pas circuler entre les chambres et l'échappement, ce qui bloque la tige ou l'arbre moteur. Il est intéressant pour un démarrage sous charge (charges suspendues, etc....)

Centre ouvert pour 4/3 et 5/3 2 en position neutre, à centre ouvert, le fluide peut circuler librement. La purge des chambres et la libre translation de la tige (libre rotation de l'arbre moteur) sont ainsi possibles. Ce cas est intéressant pour supprimer les efforts développés et faire des réglages.

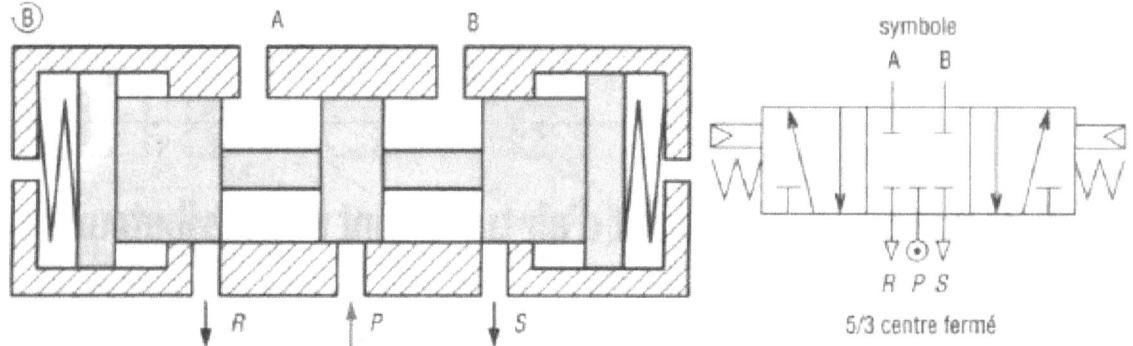

Dessin simplifié d'un distributeur 5/3 à centre fermé.

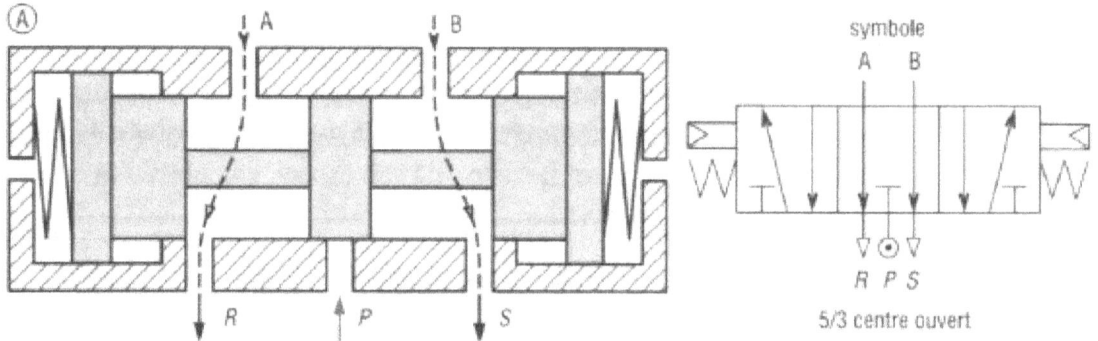

Dessin simplifié d'un distributeur 5/3 à centre ouvert.

5.7.4 Diagnostic sur distributeur

5.7.4.1 Intervention corrective

Un distributeur défaillant est remplacé. Mais un stock minimal et un délai d'intervention est nécessaire surtout en tenant compte de la diversité des composants et de leur environnement Un diagnostic approfondi d'un distributeur est souvent rapide et permet souvent une réparation immédiate. Par l'étude de l'origine de la cause une action préventive est possible afin d'éviter le renouvellement de la panne.

Maintenance par les Opérateurs

5.7.4.2 principales défaillances

Remarque : Qu'est-ce qu'un pilote ?

Effets	Causes possibles	Remèdes possibles	Origines
La LED est allumée et le forçage mécanique est efficace.	La bobine est grillée	Changer la bobine	
La LED est allumé et le forçage est inefficace.	l'air est coupé en amont	Vérifier l'arrivée d'air	
	le pilote est grillé ou colmaté	Débloquer le pilote ou changer le distributeur	
	le tiroir est grippé	Débloquer tiroir ou changer le distributeur	
La LED est éteinte	Connexion de bobine défectueuse	Revoir les connexions	
	La LED est grillée (très peu probable) depuis un certain temps.	Changer la diode	
Le tiroir reste au bloqué au travail	Le ressort est cassé	Changer le ressort	
	Le tiroir est grippé ou le pilotage est colmaté	Vérifier le tiroir et le pilotage	
Le vérin sort sans commande	Les chambres communiquent	Changer les joints	

Un pilote est une partie du distributeur qui permet d'amplifier la puissance de la commande.

Exemple de pilotage :

La bobine déplace le noyau qui ouvre le passage de l'air dans la chambre (1). Le piston pilote le tiroir en le poussant.

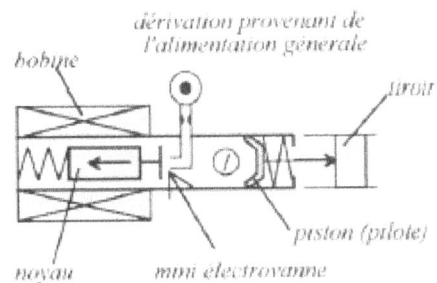

5.7.4.3 Test de fonctionnement

Le diagnostic est plus ou moins aisé en fonction de la présence des témoins.

*tests les plus simples à réaliser :

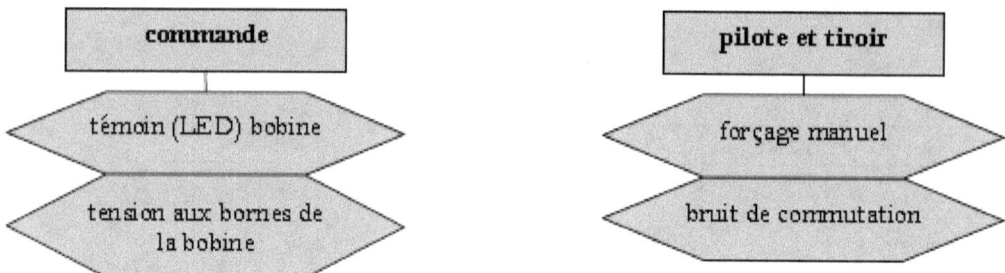

5.7.5 Extension au contacteur

Le contacteur à la même fonction et le même fonctionnement que le distributeur. Ses principales Défaillances sont :

- le collage des contacts
- une connexion défectueuse
- une bobine grillée
- un ressort de rappel cassé

5.8 Le réducteur de débit

Très utilisé, placé entre le distributeur et le vérin, ils contrôle le débit, c'est-à-dire la réduction, dans un seul sens de circulation et reste neutre dans l'autre cas.

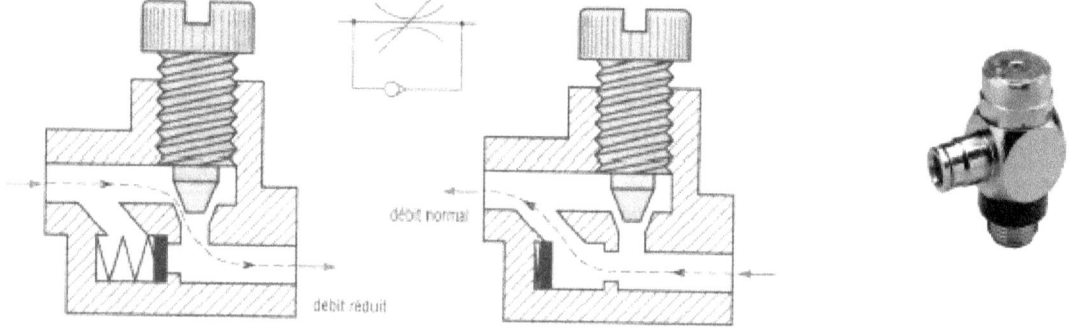

Maintenance par les Opérateurs

5.8.1 Maintenance des composants pneumatiques

Effets	Causes possibles	Origines possibles
Réducteur de pression ou de débit		
La pression dynamique ou le débit a changé	Le siège ou clapet est détérioré . Le réglage est modifié	
Il n'y a plus de réduction possible	Le ressort est cassé La vis de réglage est usée	

5.9 Tubes et Raccords ,pneumatiques.

A l'exception des applications de fortes puissances, les tubes utilisés en pneumatique sont souples à fortes parois en matières plastiques conformément à la recommandation CETOP RP 54 P. Les constituants de puissance sont équipés, en Europe, d'orifices taraudés standards dans lesquels viennent se visser les raccords en pas métrique M5 ou BSP dit "gaz" désignés en fraction de pouces.

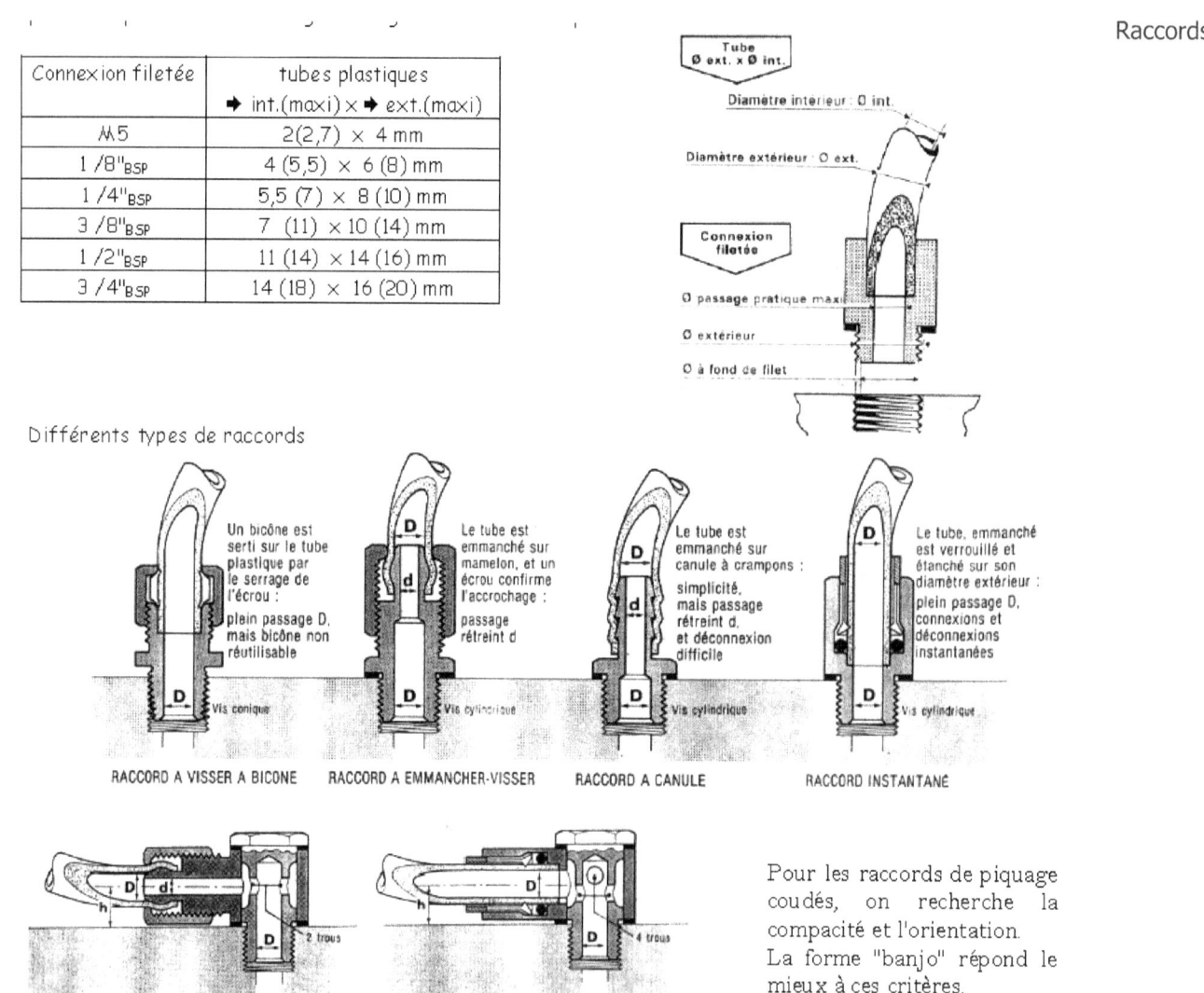

Connexion filetée	tubes plastiques ➜ int.(maxi) × ➜ ext.(maxi)
M5	2(2,7) × 4 mm
1/8"$_{BSP}$	4 (5,5) × 6 (8) mm
1/4"$_{BSP}$	5,5 (7) × 8 (10) mm
3/8"$_{BSP}$	7 (11) × 10 (14) mm
1/2"$_{BSP}$	11 (14) × 14 (16) mm
3/4"$_{BSP}$	14 (18) × 16 (20) mm

Raccords instantanés

Deux techniques de connexion pneumatique instantanée:

dans les deux cas, par une simple poussée, le tube est connecté et verrouillé en position: la déconnexion s'obtient par une poussée sur la collerette.

VII) Maintenance préventive

L'air comprimé est une des sources d'énergie importantes d'un site industriel.

Tout arrêt de la production ou de la distribution d'air comprimé entraîne l'immobilisation de tous les systèmes qui y sont raccordés. La durée de vie des systèmes dépend essentiellement du respect de la qualité de l'air employé.

Maintenance par les Opérateurs

La production et la distribution font l'objet de plans de maintenance fournis par le constructeur ou/et élaborés a partir d'une analyse des modes de défaillance et de leur criticité.

Principales actions de maintenance

systèmes	systématique	conditionnelle	observations
Les compresseurs	Changement: -de pièces d'usure -de soupapes de sécurité	Contrôle de la pression, de la température, de la teneur en eau.	Les analyses vibratoires sont utiles suivant le type de moto-compresseur.
Les filtres	Remplacement en fonction des conditions d'utilisation.	Alarme de colmatage	Les filtres peuvent être équipés en bipasse en maintenance conditionnelle
La distribution	Vidange des purges manuelles Contrôle des purges automatiques	Contrôle visuel des purges Contrôle de la teneur en eau	Les purges automatiques sont des éléments critiques.

Schémas de synthèse

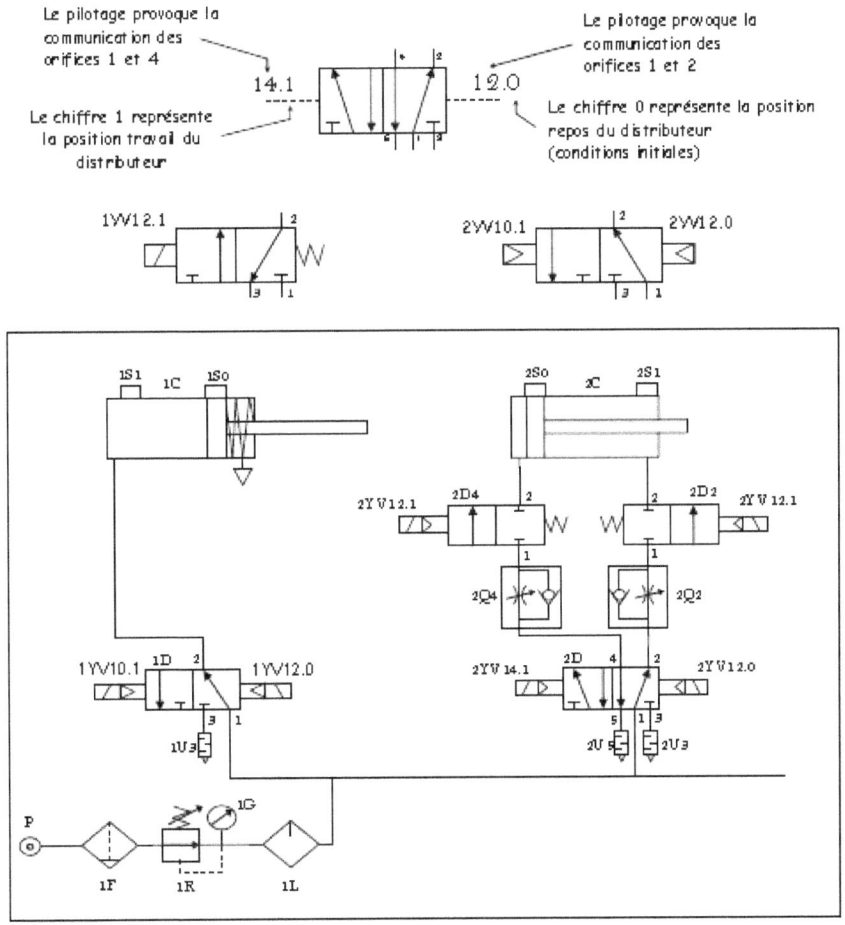

6. Les Capteurs

6.1 En Pneumatique.

6.1.1 Présentation

Le rôle de ces capteurs consiste à réaliser le dialogue entre la partie opérative (P.O.) et la partie commande (P.C.). Leurs tâches consistent à contrôler la réalisation d'un travail et de transmettre cette information, sous la forme d'un signal pneumatique, à la partie commande qui le traitera.

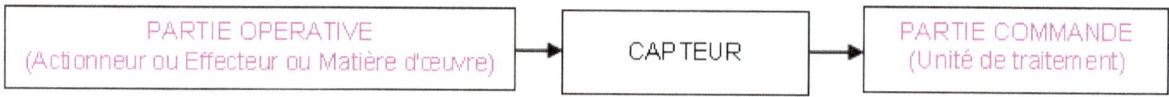

6.1.2 ANALYSE FONCTIONNELLE

Fonction globale :

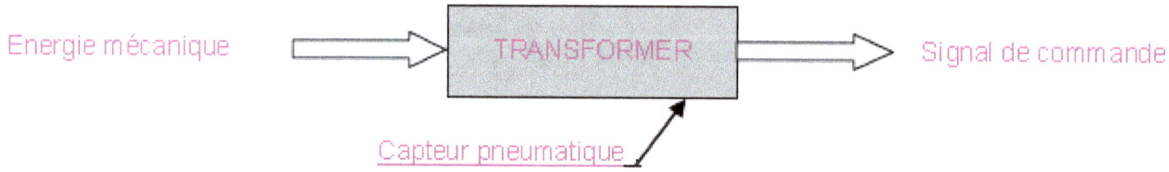

Maintenance par les Opérateurs

6.1.3 DESCRIPTION DU CAPTEUR PNEUMATIQUE

Il s'apparente à un mini distributeur 3/2 à commande mécanique :

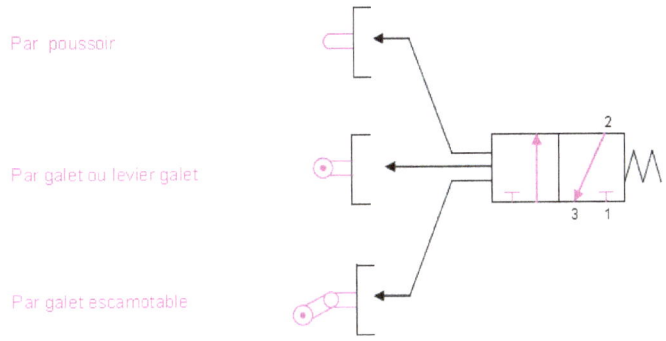

Comme pour certains boutons poussoirs, suivant le choix des orifices, le distributeur a pour fonction d'être fermé au repos (NF) ou ouvert au repos (NO) :

6.1.4 Symboles :

6.1.5 Fonctionnement

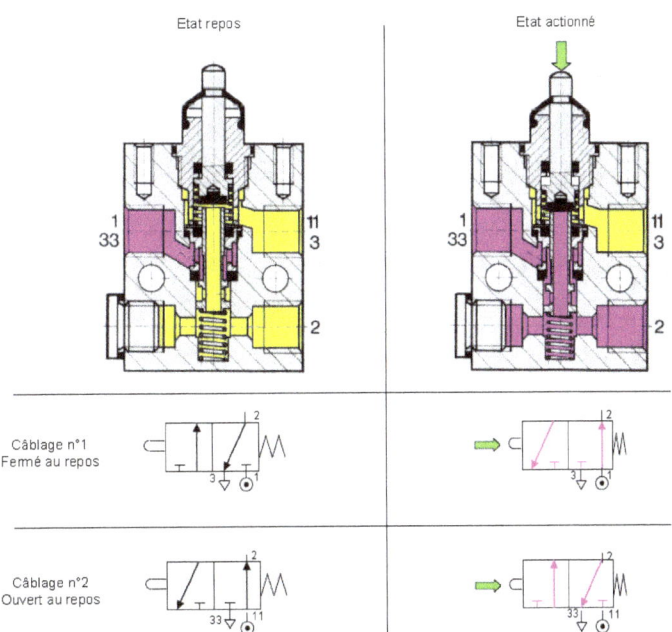

6.2 En Electricité

6.2.1 LES CAPTEURS Tout Ou Rien (T.O.R)

6.2.1.1 FONCTION

Le capteur est le composant qui permet d'informer la partie commande d'un état de la partie opérative ou du milieu extérieur.

Il prélève une information sur la grandeur physique de la partie opérative et la convertit en une information exploitable par la partie commande.

Les états peuvent être prélevés sur les actionneurs, les adaptateurs, les effecteurs, les matières d'œuvre

Dans la structure d'un système automatisé, le capteur fait partie de la chaîne d'acquisition

Les capteurs qui délivrent un signal binaire (0 ou 1) sont appelés des détecteurs, ou capteurs TOR (Tout Ou Rien).

6.2.1.2 LES INTERRUPTEURS DE POSITION MECANIQUE

Ils peuvent être appelés :

- Détecteur de position

- Interrupteur de position mécanique

- Interrupteur de fin de course

Les interrupteurs de position mécanique coupent ou établissent un circuit lorsqu'ils sont actionnés par un mobile. La tête de commande provoque le basculement d'un contact électrique qui délivre le signal de sortie.

Ces capteurs sont dits à contact direct

Symbole :

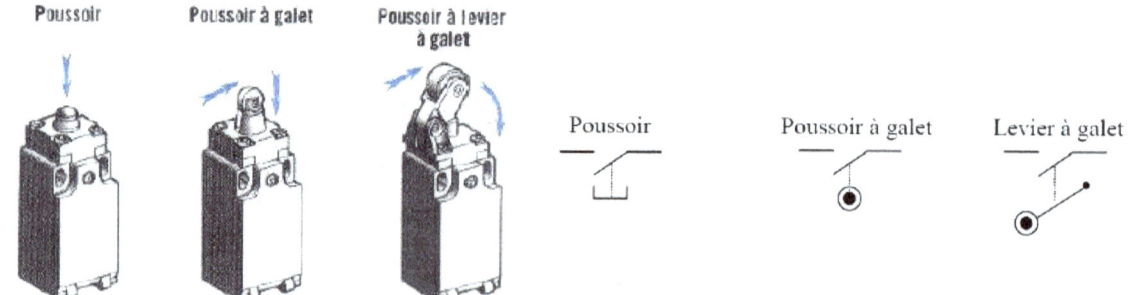

Maintenance par les Opérateurs

6.2.1.3 LES DETECTEURS DE PROXIMITE INDUCTIFS

Les détecteurs inductifs détectent exclusivement les objets métalliques.

Ce sont des capteurs électroniques statiques détectant sans contact physique la présence d'un élément. Ils délivrent un signal électrique dès qu'un objet s'approche d'eux.

Ils permettent de détecter des objets métalliques à une distance variable de 0 à 60mm.

6.2.1.3.1 Fonctionnement :

Le détecteur émet un champ électromagnétique, une pièce métallique située dans ce champ en modifie les caractéristiques, le détecteur transforme cette information en signal électrique de sortie.

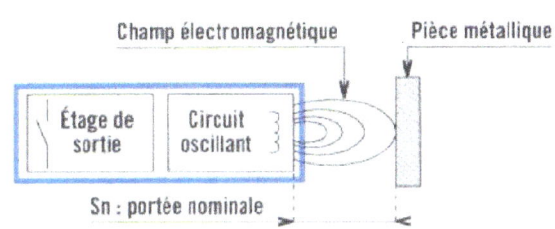

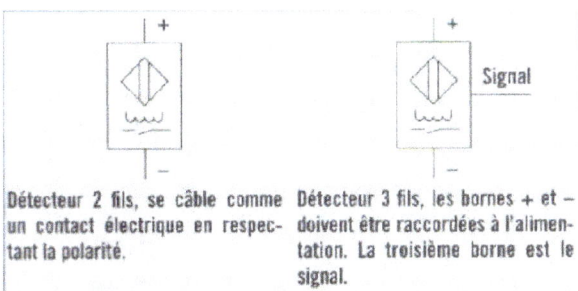

Détecteur 2 fils, se câble comme un contact électrique en respectant la polarité.

Détecteur 3 fils, les bornes + et − doivent être raccordées à l'alimentation. La troisième borne est le signal.

Caractéristiques :

- Durée de vie importante

- Supporte bien les ambiances humides et poussiéreuses

6.2.1.4 LES DETECTEURS DE PROXIMITE CAPACITIFS

Ces détecteurs permettent de déceler des objets de toutes natures. La technologie est basée sur une variation de champ électrique à l'approche d'un objet quelconque

6.2.1.4.1 Fonctionnement :

Un détecteur de proximité capacitif est principalement constitué d'un oscillateur. Lorsqu'un objet de nature quelconque se trouve devant la face sensible du détecteur, ceci se traduit par une variation du

couplage capacitif. Cette variation de capacité provoque le démarrage de l'oscillateur.

Après mise en forme, un signal de sortie est délivré.

6.2.1.4.2 Symbolisation

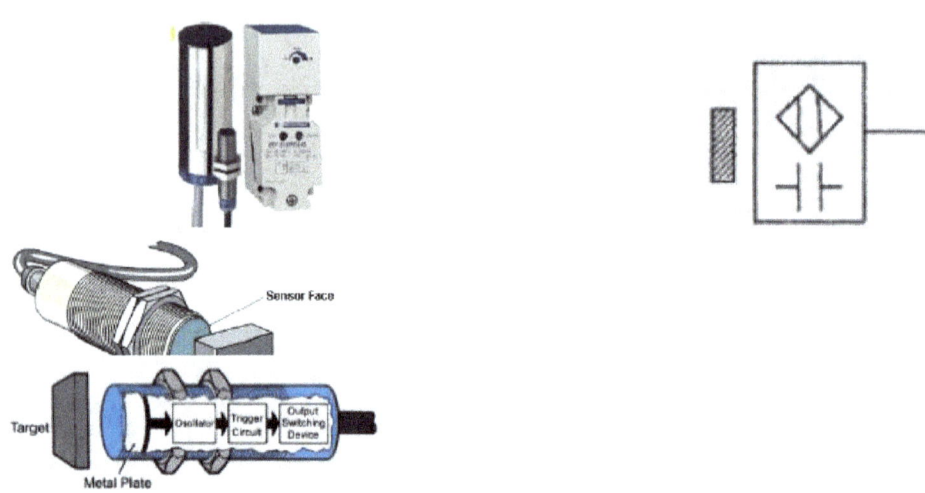

6.2.1.5 LES INTERRUPTEURS A LAMES SOUPLES (I.L.S)

On les appelle également : Détecteurs de proximité magnétiques

Ces capteurs sont utilisés pour la détection de la fin de course des vérins.

Le détecteur est directement monté sur le corps du vérin

6.2.1.5.1 Fonctionnement :

Un champ magnétique appliqué au détecteur, polarise les 2 lames souples en sens opposé, elles s'attirent et ferment le circuit électrique.

6.2.1.5.2 Symbolisation :

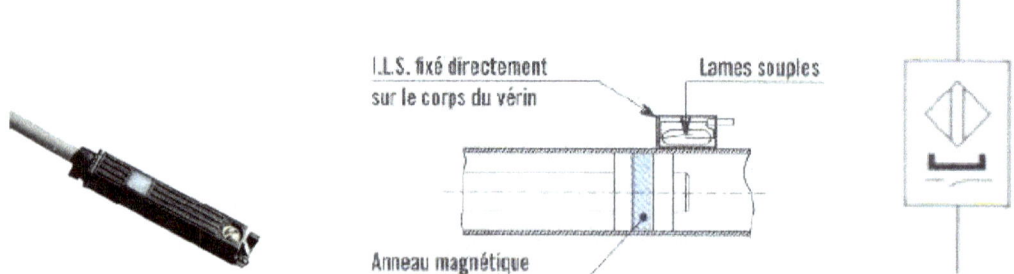

Maintenance par les Opérateurs

6.2.1.6 LES DETECTEURS PHOTO-ELECTRIQUES

Ces détecteurs sont utilisés pour détecter des objets opaques ou réfléchissants.

Ils sont très souvent de forme cylindrique, mais peuvent se rencontrer en boîtier prismatique.

6.2.1.6.1 Fonctionnement :

Ils sont constitués d'un émetteur de lumière à diode électroluminescente et d'un récepteur de lumière à phototransistor qui convertit le signal lumineux en signal électrique.

6.2.1.6.2 Symbolisation :

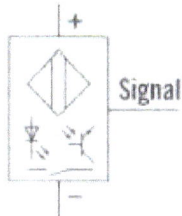

Il existe 3 systèmes de base pour détecter un objet à l'aide d'un émetteur récepteur de lumière.

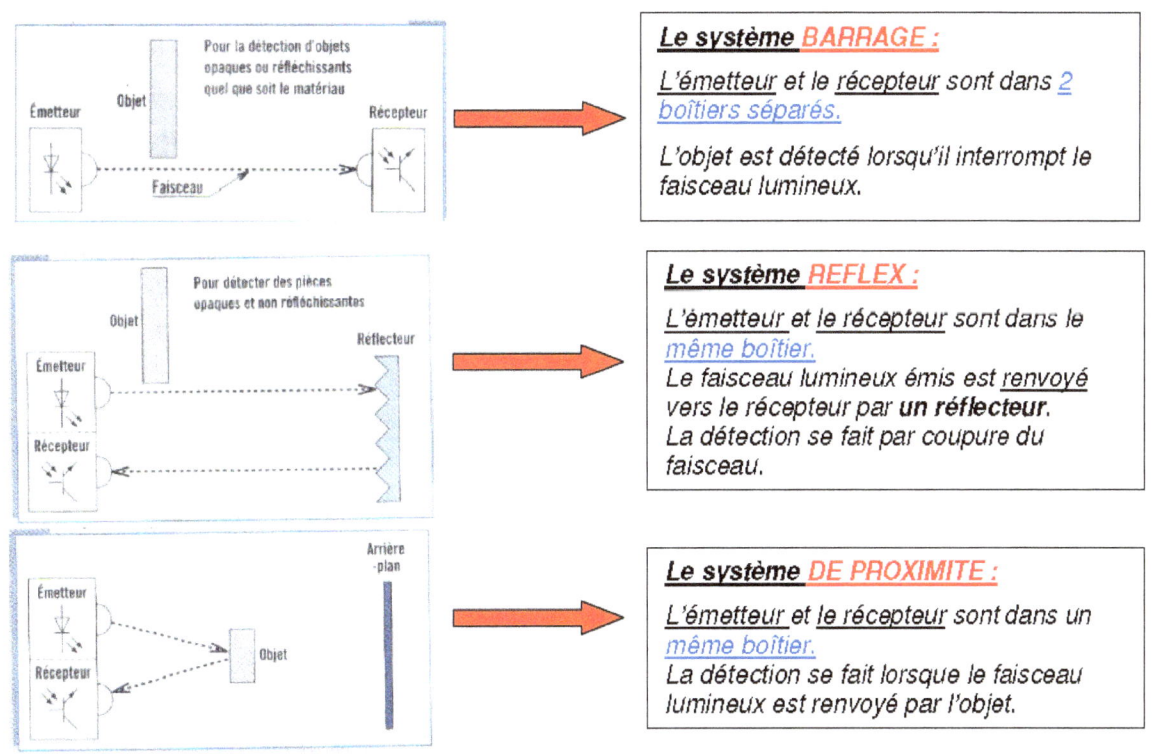

Caractéristiques :

- Pas de contact avec l'objet

- Détection de toute nature

- Distance de détection de quelques millimètres à plusieurs mètres

- Fonctionnement à des cadences élevées

6.2.1.7 LES DETECTEURS A FIBRE OPTIQUE

Ce sont des détecteurs photo-électriques constitués d'un émetteur et d'un récepteur déportés par rapport au point de détection.

6.2.1.7.1 Fonctionnement :

Les rayons lumineux sont véhiculés par des fibres optiques dont le cœur est en matière plastique ou en verre.

Les détecteurs à fibres optiques sont utilisés pour la détection de pièces de faibles dimensions et lorsque la place disponible est insuffisante.

Caractéristiques :

- Le diamètre des fibres est très petit, de l'ordre de 2 mm.

- Ils peuvent être utilisés en système barrage ou en système de proximité.

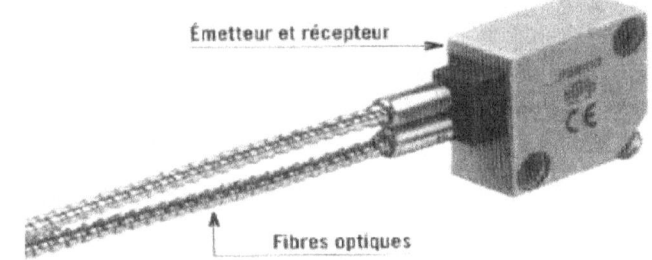

Maintenance par les Opérateurs

6.2.2 Critères de choix d'un capteur

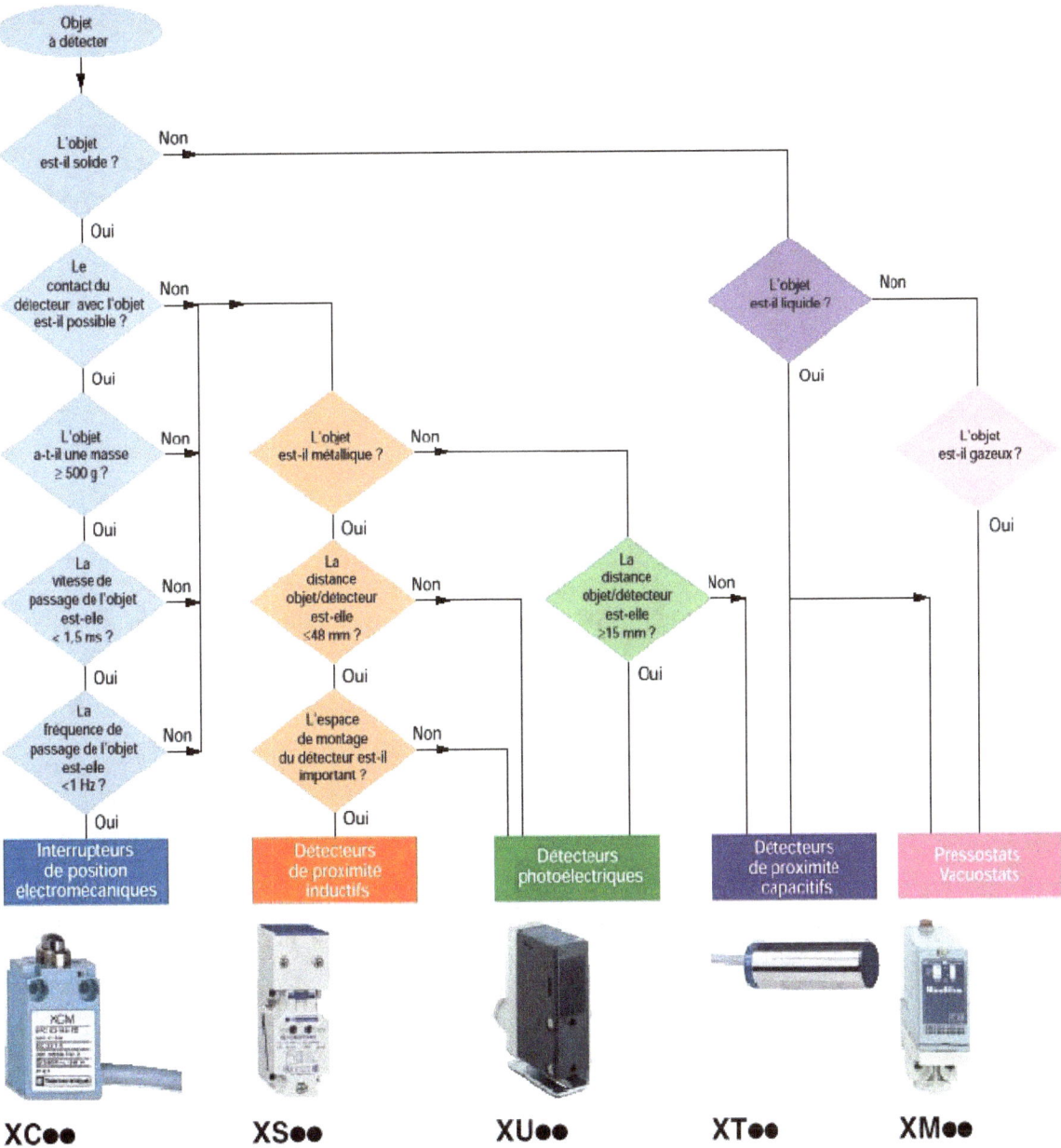

7. Préparation du dépannage

Il est impératif de préparer scrupuleusement son action avant de réaliser un dépannage à savoir :
- ✓ Évaluer les risques liés à l'intervention, et mettre en place les dispositifs assurant la sécurité des biens et des personnes ;
- ✓ Préparer les outillages, les matériels, les équipements et les moyens de manutention ;
- ✓ S'assurer de la disponibilité, et commande des pièces de rechanges, les composants…. ;
- ✓ Programmer l'intervention ;
- ✓ Estimer le coût de la réparation (main d'œuvre et pièces de rechange, consommables, ..)

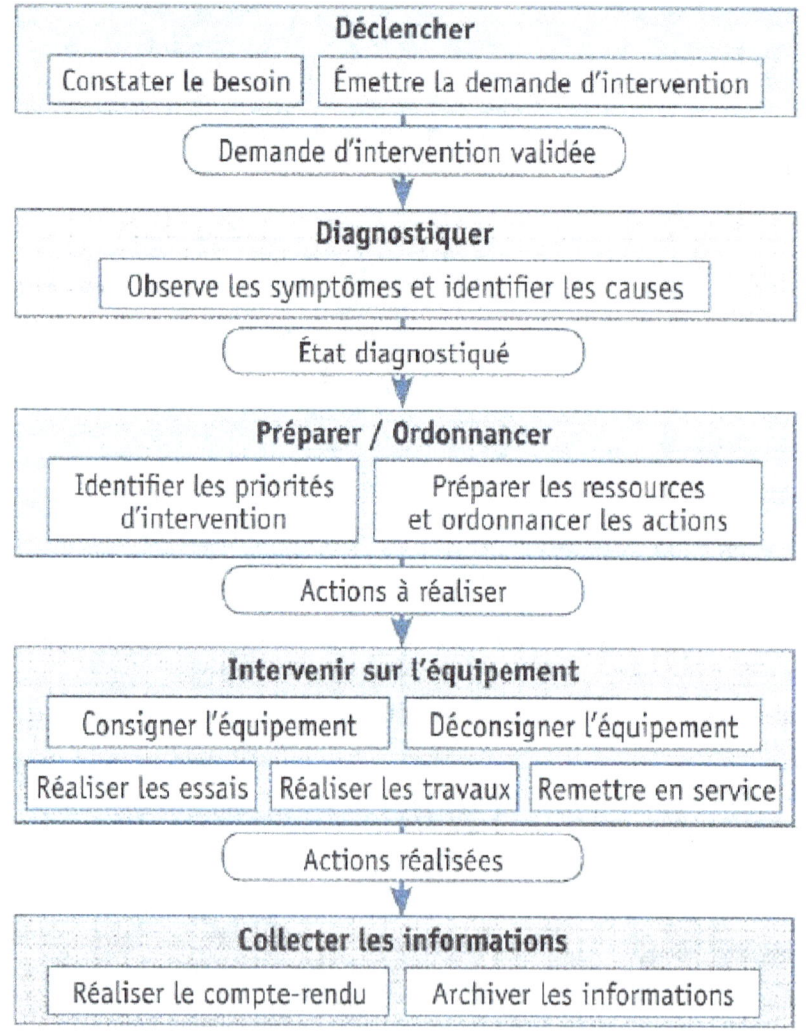

Maintenance par les Opérateurs

La préparation et l'ordonnancement d'une intervention de dépannage, se réalise immédiatement après le diagnostic et avant la réparation cela permet une optimisation et la création d'une logistique liée à l'intervention. On peut réutiliser cette logistique ou même l'automatiser (GMAO).

Analyse des risques liés à l'intervention.

Analyse des risques liés à l'intervention	Commentaires éventuels
Risques liés aux conditions d'intervention ✓ Travail en hauteur ✓ Travail en zone exigüe ✓ Travail en espace confiné ✓ Postures inconfortables ✓ Nécessité de tenue ou équipements appropriés	
Risques liés à la mise en œuvre de l'opération ✓ Travail avec projection ✓ Travail par points chauds ✓ Travaux de levage et manutention ✓ Travaux générant des gaz, vapeurs, poussières… ✓ Manipulations de produits dangereux	
Risques liés à la circulation dans la zone d'intervention ✓ Sol dégradé, glissant, encombré ✓ Dénivellation ✓ Obstacles aériens ✓ Circulation maintenue dans la zone pour les personnels autres que le personnel d'intervention	
Risques liés aux moyens mis en œuvre ✓ Outillage inapproprié aux travaux à exécuter ✓ Outillage incompatible avec les caractéristiques de la zone d'intervention ✓ Outillage en mauvais état	

Risques liés aux intervenants
 ✓ Multiplicité simultanée des intervenants
      o Plusieurs personnes, plusieurs équipes
      o Personnel de production, de maintenance
      o Entreprise extérieure
 ✓ Intervenant occasionnel
 ✓ Intervenant stressé ou fatigué
 ✓ Succession d'équipes d'intervenants différentes	

Maintenance par les Opérateurs

7.1 Défaillance de la Chaine 'Action'

7.1.1 La chaîne d'action

Sur un équipement industriel automatisé, la chaîne d'action représente tous les composants qui transforment, adaptent et transmettent le flux de puissance nécessaire à la réalisation d'une fonction.

Elle comprend :

- Les pré-actionneurs (distributeurs, contacteurs, …) qui distribuent l'énergie de puissance ;
- Les actionneurs (vérins, moteurs électriques,…) qui transforment l'énergie de puissance électrique, pneumatique ou hydraulique en énergie mécanique ;
- Les transmetteurs, non représentés ci-dessous
- Les effecteurs (pinces, poussoirs, tapis roulants…)

Un dysfonctionnement sur la chaîne d'action d'un équipement, entraine généralement un figeage de la partie opérative : le système ayant commencé son cycle, stoppe son évolution.

7.1.2 Procédure de tests de la chaîne d'action

En débutant par le contrôle visuel de la sortie automate, on descend la chaîne fonctionnelle en testant chaque composant.

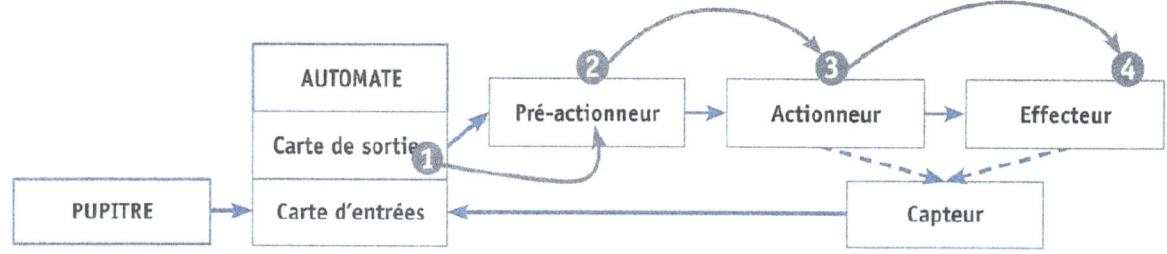

Maintenance par les Opérateurs

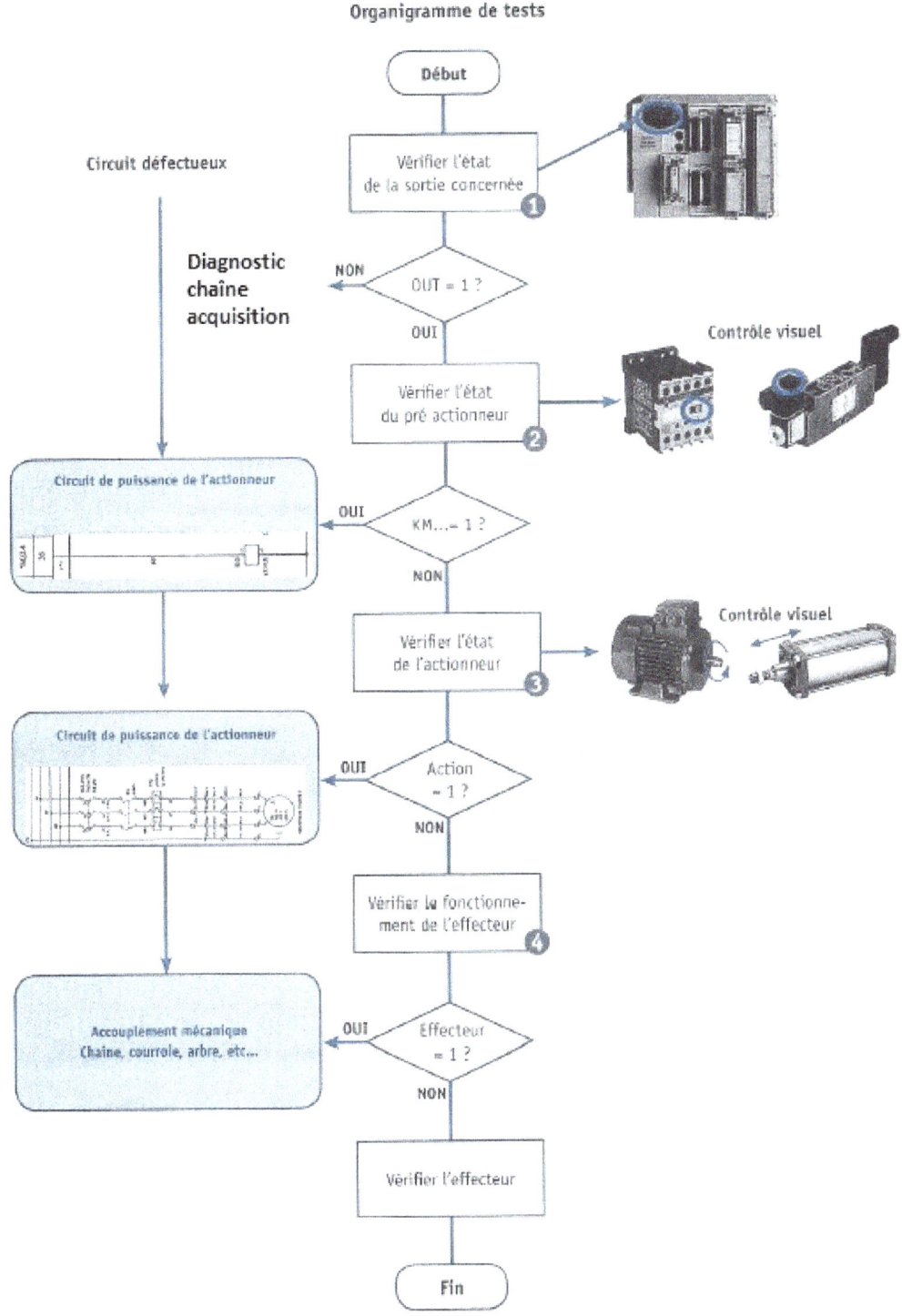

Maintenance par les Opérateurs

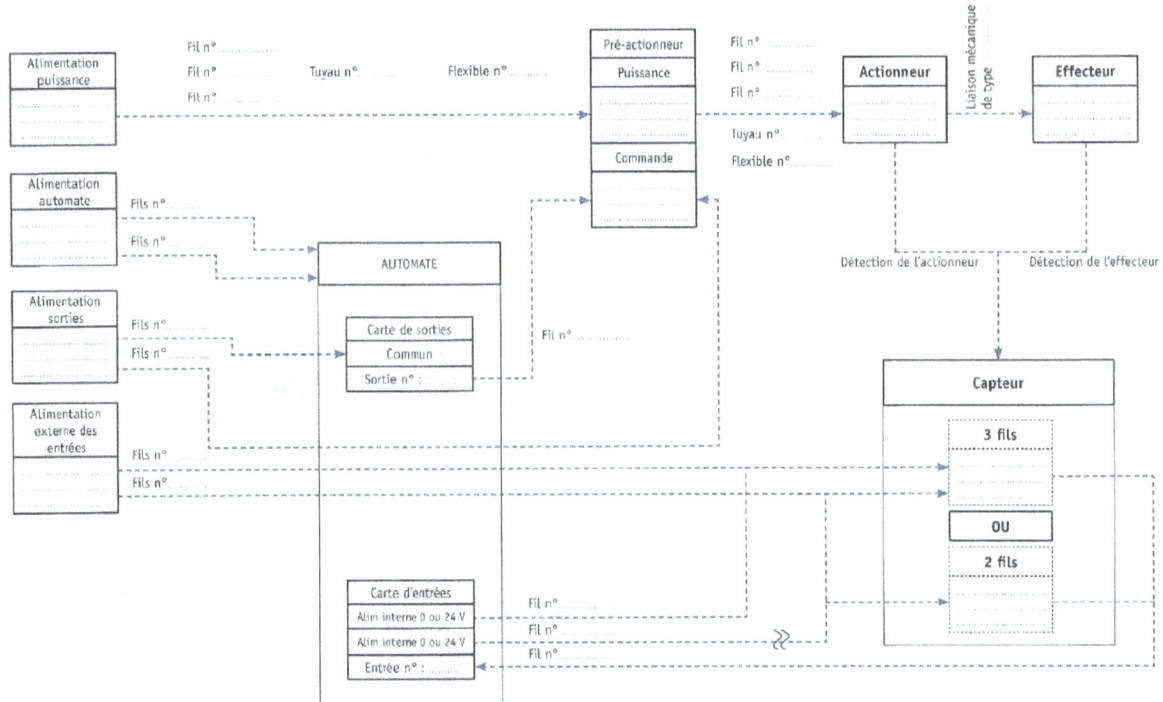

Désignation de l'équipement	TABLEAU D'HYPOTHÈSES			Fonction défaillante		
Hypothèses	Contrôles, mesures (tension, pression, continuité...)	Matériel nécessaire	Localisation Points de mesures	Précautions	Résultats attendus, si composant en bon état...	Résultats relevés	Conclusion
1							Bon état
							Défaut
2							Bon état
							Défaut
3							Bon état
							Défaut
4							Bon état
							Défaut
5							Bon état
							Défaut
6							Bon état
							Défaut

Maintenance par les Opérateurs

7.2 Défaillance de la chaîne 'acquisition'

7.2.1 La chaîne d'acquisition

Sur un équipement industriel automatisé, la chaîne d'acquisition représente tous les composants capable d'acquérir et de traiter une information.
Elle comprend généralement :
- Les capteurs ;
- Les transmetteurs et convertisseurs
- La carte d'entrée de l'automate ;
- Les boutons poussoirs ou autres composants du pupitre de dialogue.

Architecture générale d'un système automatisé

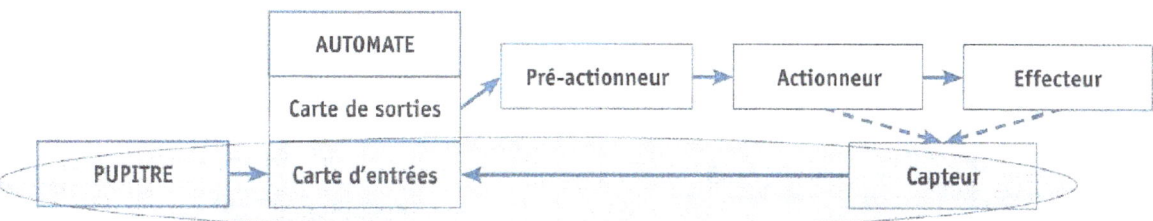

7.2.2 Procédure de test de la chaîne d'acquisition

En débutant par le contrôle visuel de la sortie automate, on descend la chaîne fonctionnelle en testant chaque composant …

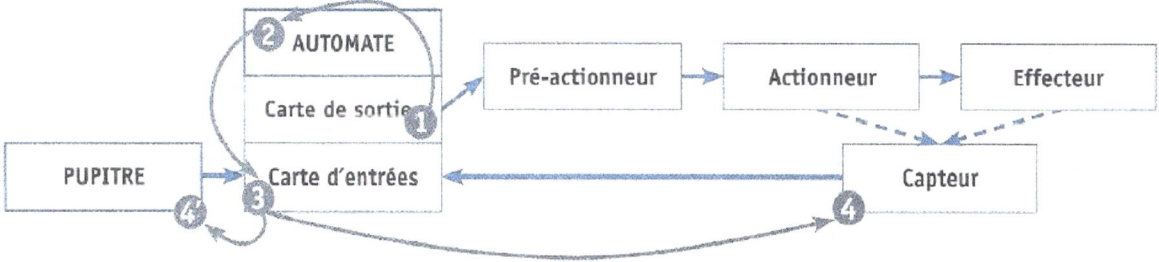

Maintenance par les Opérateurs

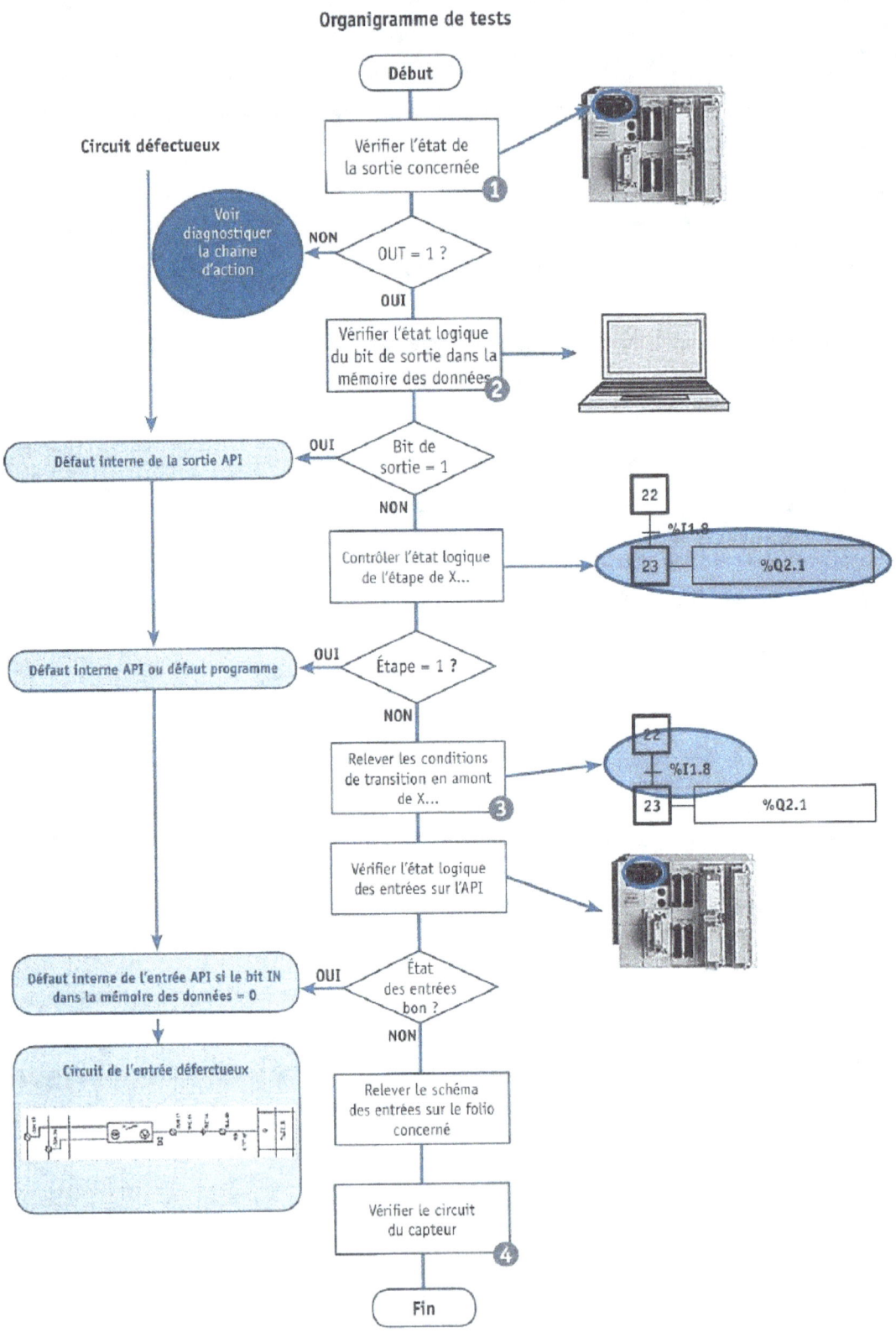

Maintenance par les Opérateurs

Désignation de l'équipement		TABLEAU D'HYPOTHÈSES			Fonction défaillante		
Hypothèses	Contrôles, mesures (tension, pression, continuité...)	Matériel nécessaire	Localisation Points de mesures	Précautions	Résultats attendus, si composant en bon état...	Résultats relevés	Conclusion
1							Bon état
							Défaut
2							Bon état
							Défaut
3							Bon état
							Défaut
4							Bon état
							Défaut
5							Bon état
							Défaut
6							Bon état
							Défaut

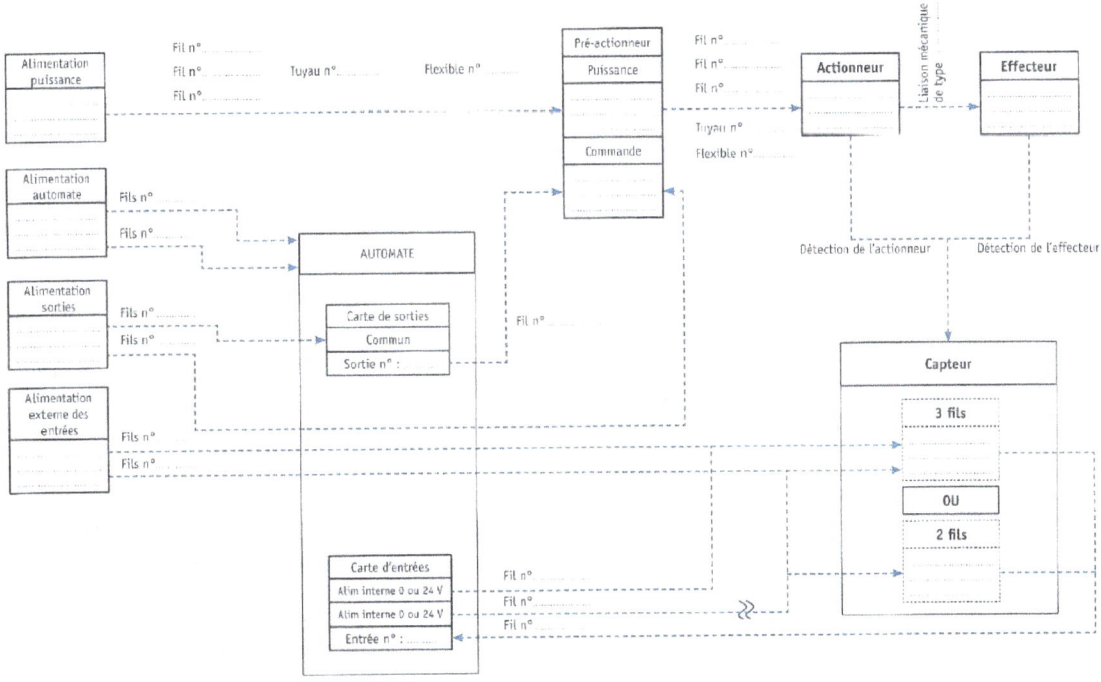

7.3 Défaillance de la chaîne 'sécurité'

7.3.1 La chaîne sécurité

Sur un équipement industriel automatisé, un composant, appelé module de sécurité, réalise la gestion des différentes sécurités.

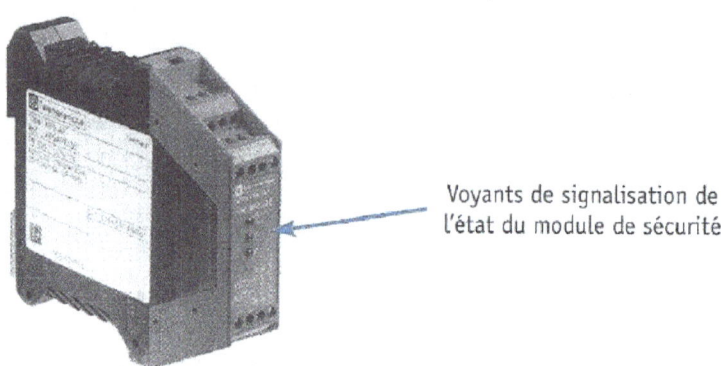

Exemple de module de sécurité

Voyants de signalisation de l'état du module de sécurité

Les modules logiques de sécurité sont des appareils qui s'intègrent dans les circuits de commande pour assurer la sûreté et la disponibilité des fonctions de sécurité. Leur câblage interne est réalisé en redondance et leur logique est autocontrôlée.
Ce sont des éléments indispensables pour assurer sans risque de défaillance les fonctions de sécurité. Ils permettent de détecter les défauts de fonctionnement qu'une installation simple ne permet pas d'éviter.
Ils effectuent à chaque cycle de fonctionnement une série de tests qui permettent de détecter toute défaillance des dispositifs de protection et des circuits associés, à savoir :
- ✓ Tout défaut et court-circuit sur les câblages des organes de commande, tout collage d'un contact électrique dans un organe de service.
- ✓ La mise en court-circuit d'un contact de bouton d'arrêt d'urgence ;
- ✓ Le grippage d'un bouton d'impulsion de mise en marche ;
- ✓ Un courant de fuite à la terre.

Les principales fonctions que les modules de sécurité peuvent aussi surveiller sont :
- ✓ L'arrêt d'urgence ;
- ✓ Les protecteurs mobiles ;
- ✓ Les commandes bimanuelles, les barrières immatérielles ;
- ✓ La détection de vitesse nulle, la rupture d'arbre ou de chaîne ;
- ✓ Les tapis et bords sensibles ;

Maintenance par les Opérateurs

Désignation de l'équipement		TABLEAU D'HYPOTHÈSES			Fonction défaillante		
Hypothèses	Contrôles, mesures (tension, pression, continuité...)	Matériel nécessaire	Localisation Points de mesures	Précautions	Résultats attendus, si composant en bon état...	Résultats relevés	Conclusion
1							Bon état
							Défaut
2							Bon état
							Défaut
3							Bon état
							Défaut
4							Bon état
							Défaut
5							Bon état
							Défaut
6							Bon état
							Défaut

Maintenance par les Opérateurs

7.4 Défaillance de la chaîne 'Dialogue'

Une fois identifiée en cause elle est beaucoup plus simple qu'il n'y parait. Juste un peu sournoise parfois.

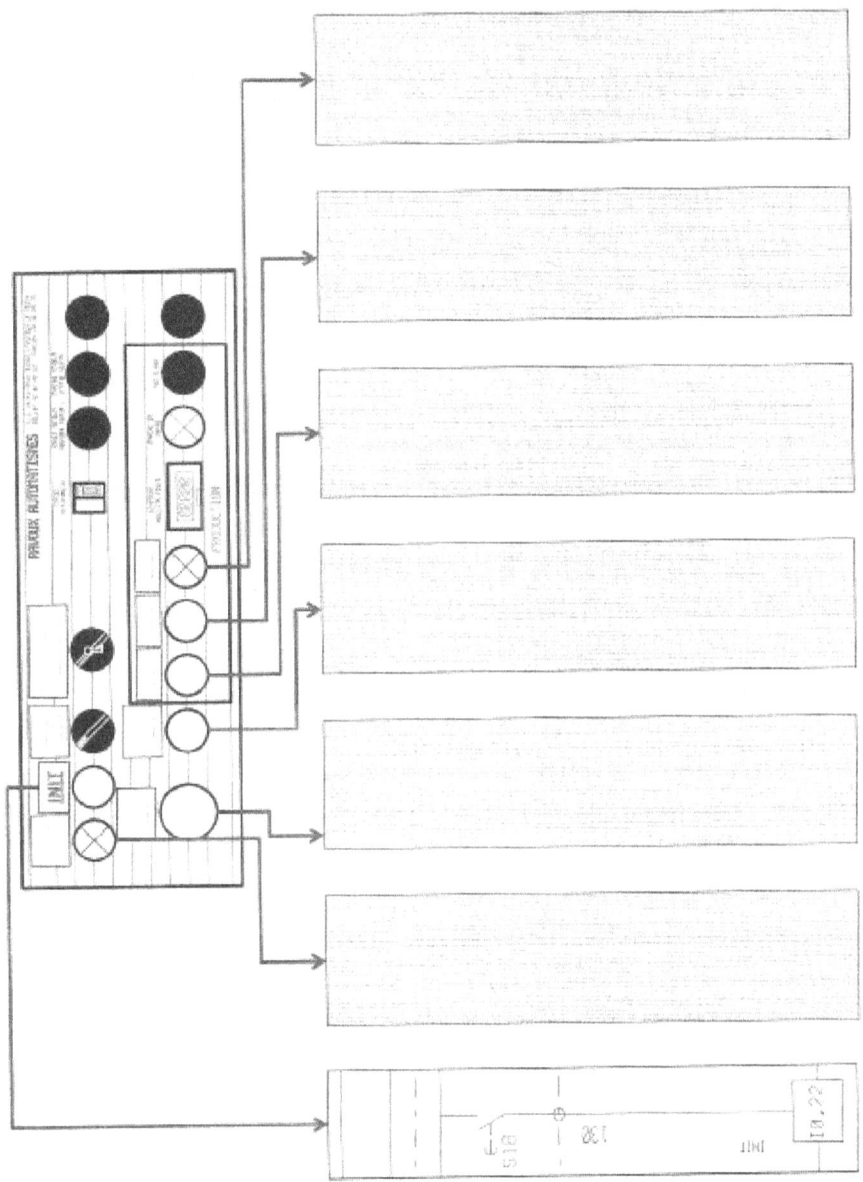

7.5 L'analyse électrique.

7.5.1 Introduction.

Aborder la mesure électrique n'est pas simple.
Forcément, je serai incomplet. La base de la mesure en électricité porte bien sûr la mesure de courant, tension, continuité, puissance dans les formes courant continu et alternatif.

Là, n'est pas vraiment le problème de l'électricien bien formé. Par contre la difficulté viendra de l'interprétation des mesures.
En effet, que dire par exemple de la mesure de trois courants triphasés dans un moteur. Si ils sont égaux , si ils sont de valeurs différentes ?
Que dire de la consommation d'un moteur électrique sans interpréter le lien existant entre le moteur et la charge.
Les exemples sont simplistes mais peuvent se décliner à l'infini. Toutes les mesures ont une signification.

Certains de ces phénomènes peuvent être interpréter afin de régler un processus. Ainsi la régulation de vitesse d'un moteur triphasé peut se faire en mesurant les déphasages entre courant et tension, ceci permettant de mesurer indirectement le glissement et à la fin d'avoir une idée de la vitesse du moteur !
Cela permet d'éviter de mesurer la vitesse avec une dynamo tachymétrique.

Je me bornerai ici à quelques principes de mesures élémentaires, que vous connaissez surement (ou pas !)
Le reste des interprétations, à contrario des chapitres précédents sur la mécanique, devrait se faire dans un autre cours orienté sur l'interprétation des phénomènes physiques.

7.5.2 Les mesures - La tension

Pour la mesure en courant continu avec un multimètre le commutateur rotatif doit être positionné sur **(V =)** Les conducteurs de mesures sont connectés : (le rouge sur **V Ω** et le noir sur **COM**). La prise de mesure est effectuée en parallèle sur la source. Il est souhaitable d'appliquer le conducteur rouge de mesure sur le **(+)** et le conducteur noir sur le **(-)**. En cas d'inversion le multimètre indiquera la mesure en négatif. Cela permet aussi de déterminer la polarité d'une source pour repérer le **plus** et le **moins**. Le raccordement du multimètre étant correct, le **plus** sera sur le point de mesure du point de touche du conducteur rouge. Lors d'une mesure de tension avec un voltmètre ou un multimètre analogique (à aiguille) il est important de repérer le plus et le moins avant la mesure. En cas d'inversion de polarité, l'aiguille va descendre à la place de monter et cela risque de dégrader l'appareil.

Maintenance par les Opérateurs

Pour la mesure en courant alternatif avec un multimètre le commutateur rotatif doit être positionné sur (**V~**) Les conducteurs de mesures sont connectés : (le rouge sur **V Ω** et le noir sur **COM**). La prise de mesure est effectuée en parallèle sur la source. Pour effectuer la mesure il n'y a pas de polarité à respecter avec les pointes de touches.

Cette aide est généraliste, elle s'applique pour un grand nombre de multimètres. Pour l'utilisation de votre multimètre vous devez vous référer à votre manuel d'utilisation !

7.5.3 Les mesures - Le courant

7.5.3.1   La mesure du courant est réalisée en série avec le récepteur.

Pour la mesure en courant continu avec un multimètre le commutateur rotatif doit être positionné sur (**20 =**) Les conducteurs de mesures sont connectés : (le rouge sur **10 A** et le noir sur **COM**). La prise de mesure est effectuée en série avec le récepteur, si le raccordement est mauvais l'appareil de mesure risque d'être dégradé. Si celui-ci est raccordé directement, le courant ne doit pas dépasser le calibre du multimètre, pour cet exemple il est de 20 ampères. Pour des courants supérieurs il faut utiliser un shunt, celui-ci est placé en série et l'ampèremètre est raccordé en parallèle sur le shunt. Il est aussi possible d'utiliser une pince ampère métrique à effet de Hall celle-ci est placée sur le conducteur à mesurer. L'avantage avec ce système, il est inutile de débrancher le circuit pour faire la mesure.

Pour la mesure en courant alternatif avec un multimètre le commutateur rotatif doit être positionné sur (**20 ~**) Les conducteurs de mesures sont connectés : (le rouge sur **10 A** et le noir sur **COM**). La prise de mesure est effectuée en série sur le récepteur. Pour effectuer la mesure il n'y a pas de polarité à respecter avec les pointes de touches. Si le raccordement est mauvais l'appareil de mesure risque d'être dégradé. Le multimètre étant raccordé directement, le courant ne doit pas dépasser le calibre du multimètre, pour cet exemple il est de 20 ampères. Pour des courants supérieurs il faut utiliser une mini pince ampère métrique…

L'utilisation d'un ampèremètre sur des courants élevés nécessite l'utilisation d'un transformateur de courant. Il existe deux sortes de transformateur de courant : à passage et à connexion. A passage, le conducteur sur lequel la mesure doit être effectuée passe à l'intérieur du TC, l'ampèremètre est raccordé sur **S1 et S2**. A raccordement il faut raccorder la source soit le conducteur sur lequel la mesure doit être effectuée sur les bornes du primaire **P1 et P2**, l'ampèremètre est raccordé sur le secondaire **S1 et S2**. Le choix de l'ampèremètre se fera en fonction du calibre du TC. Dans tous les cas il faut toujours connecter le secondaire du TC avant la mise sous tension du primaire et laisser l'ampèremètre connecté dans le cas contraire celui-ci sera détruit.

Maintenance par les Opérateurs

Transformateur de courant à passage

7.5.3.2 La pince ampère métrique.

Pour la mesure ponctuelle d'un courant c'est le moyen le plus simple. Il existe plusieurs types de pinces et les énumérer cela serait trop long. Pour les multimètres, il existe la mini pince ampère métrique, elle se raccorde sur celui-ci, elles sont très pratiques car cela évite d'avoir une accumulation d'appareil de mesure. La pince ampère métrique autonome permet de faire des mesures en courant alternatif et courant continu. Elle possède son propre afficheur, certaines sont apparentées à un multimètre avec toutes les fonctionnalités.

8. Conclusion

Nous espérons que ce livre vous a fourni les bases nécessaires pour mieux comprendre vos machines et pour dialoguer plus efficacement avec les techniciens de maintenance. En maîtrisant ces notions, vous pourrez non seulement identifier et décrire les dysfonctionnements avec précision, mais aussi contribuer à un diagnostic rapide et efficace. Votre rôle est essentiel pour assurer la continuité et la qualité de la production. Continuez à apprendre, à poser des questions et à partager vos connaissances. Ensemble, nous pouvons maintenir nos systèmes de production en parfait état de marche.

Maintenance par les Opérateurs

9. Déjà Parus

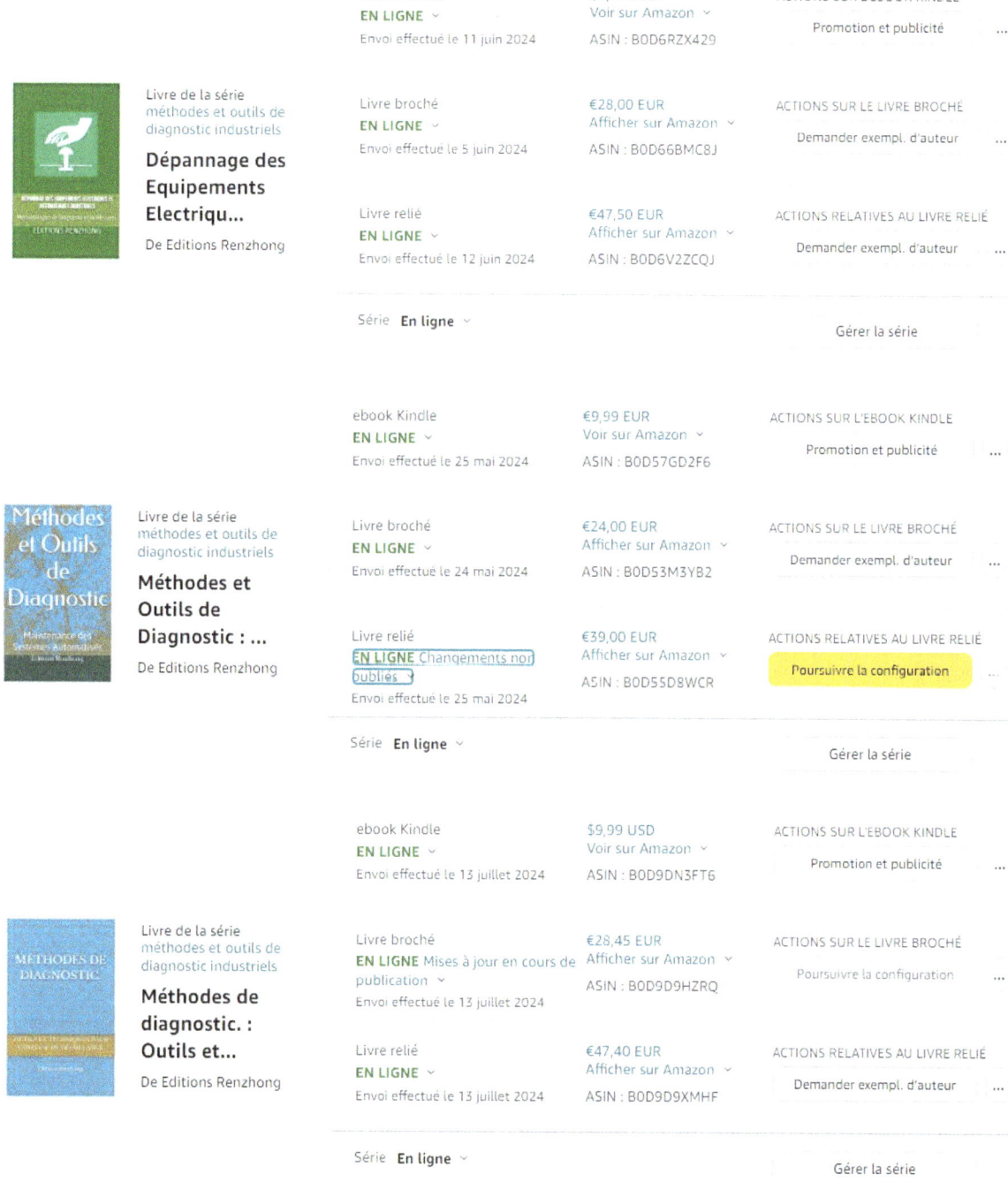

www.ingramcontent.com/pod-product-compliance
Lightning Source LLC
Chambersburg PA
CBHW062315220526
45479CB00004B/1171